后浪出版公司

极简穿搭

日常服装穿出别样风采

いつもの服をそのまま着ているだけなのになぜだかおしゃれに見える

山本昭子 著

林晓敏 译

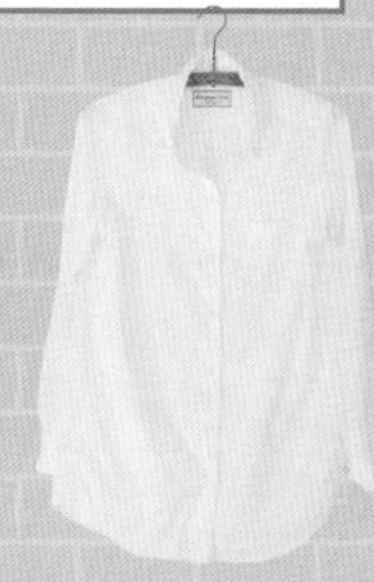

江西人民出版社
Jiangxi People's Publishing House
全国百佳出版社

Introduction

“有品位”是最高评价

走在街上，会看到让人觉得“很有品位”的一类人。所谓“有品位”的人，到底是什么样的呢？

我认为，“真正有品位的人”，应该是着装简单，也让人觉得时尚的人。既没有个性化设计，也不追求名牌，明明穿着跟大家一样“普通”的衣服，看起来却格外好看，才是真正的时尚。

“品位”的威力是很大的。能把简单的服装搭配出时尚感的人，身上自然会显露出知性美。或许有人会认为这是长年努力研究才会有的成果，但这种“品位”是金钱买不来的，所以才会让人羡慕。

初次见面，我是山本。

我是一名专业造型师，在杂志和电视上为模特做造型；同时，我也是一名私人造型师，为普通客人做造型。

我是从负责杂志上让读者改头换面的版块开始做私人造型的。在负责“显瘦的穿着”以及“对老公的改造计划”等版块时，我发现大家对服装的知识了解甚少。比如：只要卷起裤脚，整个人的气质就会发生惊人的变化。只需进行这类基本的改变，就能让普通人改变形象。

我在博客上写了“我想开始做私人造型”后，有人产生了兴趣。最初只有几个客人，到现在已经有客人从远方赶来，需要提前数月预约。

私人造型师的工作，就是把客人衣橱里的衣服都拿出来，看了现有的衣服后，一起去买服装和饰物（去的大抵也就是优衣库、GU 之类价格适中的店），为客人选择最合适的搭配方案。

为很多客人做了私人造型后，
我发现：

时尚存在着法则

在这本书中，我会介绍能让任何人都光彩照人的搭配方法。

需要的是“普通衣服”和“中意的饰物”。然后遵循“按照喜好混搭”的基本原则就可以了。高价服饰不是必需品。

穿上跟平时不同风格的衣服时，会感到不自在。起初可能会觉得不安，想着“这样的衣服真的适合我吗？”

这本书附上了所有搭配好的造型图片，不知道怎么穿的时候，请依照图片穿着。走到外面，肯定会惊讶于受到的称赞。

“每天都有人问‘你是不是瘦了？’”

“在公司被称为时尚达人。”

“复印的时候，有前辈特地从对面部门跑过来说了一句‘这衣服真棒啊！’又跑回去了。”

“和他结婚了。”

“心仪的人夸赞我‘耳环真漂亮’。”

“迟迟未到的晋升终于定下来了！”

我收到过许多这样欣喜的回复。

每次看到这类客人的邮件，就感觉时尚的力量果然强大。比起减肥和化妆，时尚感更能让人一夜之间外形脱胎换骨。“外形的变化会带来人生的变化”，这样说一点也不过分。

时尚的力量，如果能成为大家人生的助力，我将感到无上光荣。请一定享受潮流。

Introduction

七大法则

Chapter 02

衣柜

Chapter

03

搭配

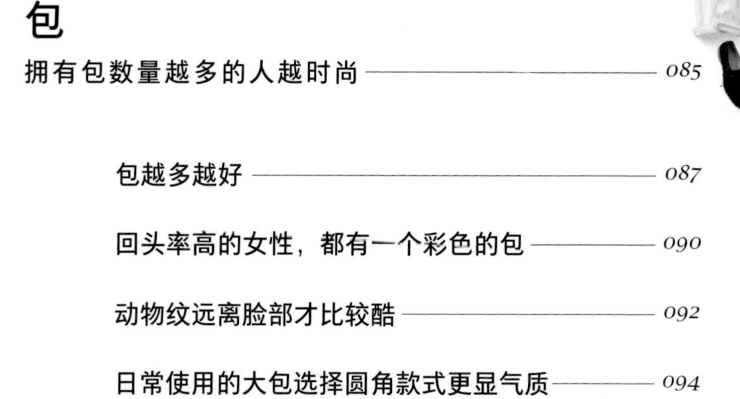

包

鞋

上衣

Chapter

07

下装

Chapter
08

颜色

Chapter 09

外套

Chapter 01

七大法则

拥有多少简单的基本款 是胜负的关键

有品位的人，肯定拥有很多“款式简单的衣服”。设计感突出的衣服是搭配的大忌。剪裁合身、腰线完美的衣服才是最佳选择。同时也别忘记尝试着按喜好混合搭配。

Rule 1

“有品位”形容的是
穿着简洁也让人觉得时尚的人

明明穿着简单的衣服，却很时尚。这种好品位，究竟从何而来呢？天生的？还是靠长期不懈的努力？“品位好”的人穿出来的不仅是青春和气势，更是知性和优雅。即使上了年纪，也有自信能穿得吸引眼球。那么，这种品位要如何培养呢？

答案就是“随处可见的简单衣服”。只要记住这一点，就能打造出“明明是普通的单品竟如此时尚”的效果。

除了要运用好简单的衣服，还有另一个重点。

那就是穿着的随意性。有品位的人最大的特点就是没有“刻意感”，夸张地说，如“像是起床后随意地将手边的衣服穿在身上，却意外地好看”这种搭配风格是最完美的。

杂志上经常出现的“こなれる”这个词，意思是信手拈来，得心应手。也就是说，要摧毁或远离刻意感十足的搭配风格，寻求随意感。

比如，白衬衫搭配黑色紧身裙和黑色浅口鞋，拎着公文包，这样的全身搭配会让人感到太刻意，看上去不留余地。这时候只要把紧身裙换成休闲的牛仔裤就能打破常规。

相反的，休闲T恤搭配牛仔裤和运动鞋，背着帆布包，全身太过休闲反而落于俗套。这时候只要把运动鞋换成女性化的高跟鞋，一下子就有了潮流感。

“优雅”和“休闲”，不是专注于其中一种风格，而是将各种元素混搭。而最重要的一条法则，是选用款式简单的“普通衣服”。

下面我会具体地讲解哪些单品是优雅款，哪些是休闲款，怎样搭配才比较时尚。

首先，请记住这些基础的范本！

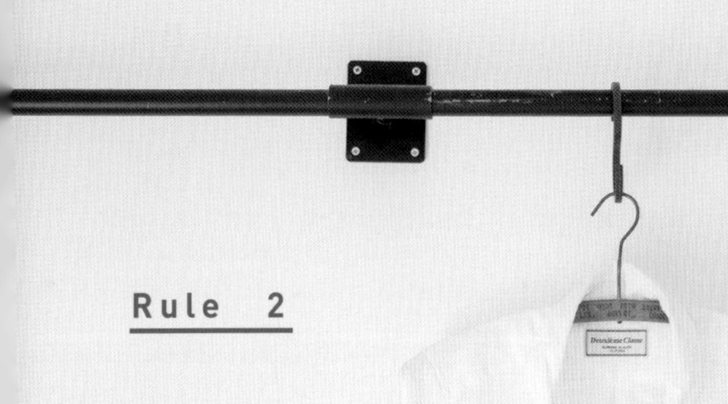

Rule 2

拥有多少
“简单的基本款”
是胜负的关键

我去客人家中拜访的时候发现了一个普遍存在的问题，就是“简单的东西太少”，不是带着蕾丝，就是衬着花边和宝石。实在非常喜欢这些也必须控制在两件以下，重要的是要备有简单的基本款衣服。

买衣服的时候造型可爱的款式总是比基本款更吸引人，这种心情我很理解。但这是陷阱。请忍住欲望，先购买基本款。你会惊讶于它的百搭程度。

经常从我的客人那里得到这样的反馈，“购物不再失败了”。不再购买设计华丽的衣服，也不再过量地买衣服了。

仔细想想这是理所当然的，基本款就是百搭款，设计感越强的衣服搭配就越难，甚至有些款式只能搭配出一种风格。

在基本款的基础上，能打造出微妙的自我风格的物件，就是饰物。

关于配饰，我会在下一章节说明。总的来说，衣柜里基本款衣服越多的人就越时尚。

后面我再详细地介绍，先把最普通的白衬衫、基本款蓝色牛仔裤、黑色铅笔裙作为搭配的核心吧。

Rule 3

饰物比衣服
更能打造自我风格

下面介绍饰物的搭配方法。知道了这个就有了很多方便的技巧。读了第3章之后的内容自然就会掌握这些技巧，请务必阅读。**大方向就是挑选饰物的时候不要单一地侧重休闲或者华丽风格，各种风格的都可以收集。**如果只偏向某一种类型，就会难以实现法则一里说过的“尝试不同风格的搭配”这一目标。

比如，只有一个日常用的大包远远不够，色彩艳丽的包或者休闲帆布包是很重要的。简单的衬衫牛仔裤，搭配彩色包会显得华丽，搭配帆布包就显得休闲。

鞋子也一样，同一套职业装，配上银色平底鞋就显得随性，配上动物纹浅口鞋又是另一种风情。

另外，还有一个技巧需要记住。就是用色彩来突显随性的风格。谁都会有这样的时候，觉得“今天无论如何也想穿得隆重一点”，这种不想和休闲风混搭的日子，选择艳丽的色彩就能穿出随性的华丽感。

特别是包和鞋子，比衣服更能体现个人风格，这样说一点都不过分。拥有休闲和华丽两种风格的包和鞋子，就能轻松混搭。

饰品、帽子、围巾、紧身裤，这些虽然效果不及包和鞋子，也能让人眼前一亮。

Rule 4

极力避免穿着连衣裙

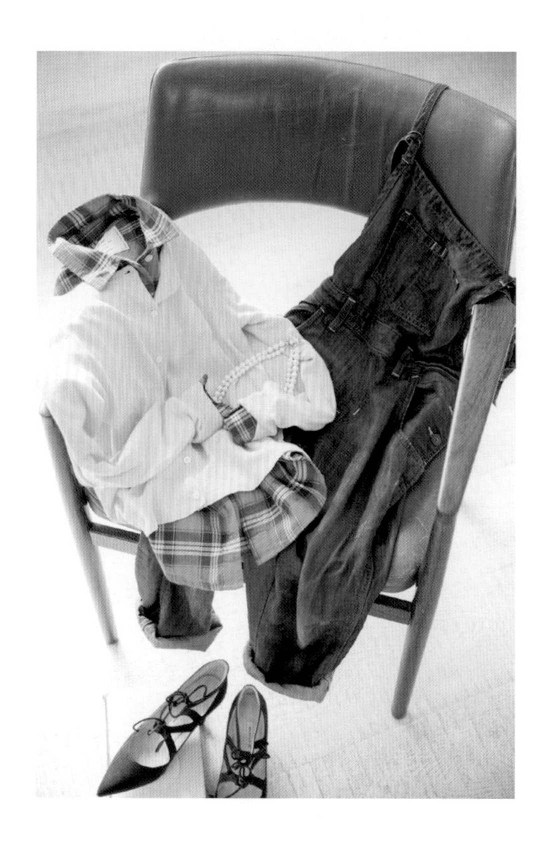

这本书中没有出现连衣裙。

单件连衣裙或套装，可以说只能穿出一种固定的风格。配饰虽能调剂却改变不大，无法彰显穿衣人的魅力。因此连衣裙是最不好用的单品。

穿衣的基本原则是上下装分开搭配，同时，“细节”也很重要。比如把衬衫领子露出来，使休闲中透出些许华丽感，或者把色彩艳丽的毛衣搭在肩上做点缀，这些技巧都能使品位感大幅提升。

如果与不同类型的物件搭配，试用“信手拈来”法则的话，叠穿并不可怕。因为与基本款不会冲突，可随心所欲地搭配。

Rule 5

首先要确定的不是颜色和花纹，而是衣服的款型

我去客人家拜访的时候，第一件事就是把客人家中所有的衣服都集中摆放到一处。这样能快速按照款型分类。不管是谁，都有偏好的款型。

我见过最多的款型是女式束腰长款上衣、蝙蝠袖、宽松上衣。撇开颜色和花纹，先确定自己的衣服都是哪些款型，是提升品位的捷径。

确定配饰也很重要。尽管数量很多，但鞋子都是浅口鞋或圆头鞋，或是项链都是长款的，这类情况很常见。人都会不知不觉形成穿同一类型衣服的癖好，如果自己能意识到这一点，那么后面就简单了。

时尚的印象由全身的平衡来决定。

改变现有衣服的平衡以及搭配上的平衡，比改变颜色和花纹，更能马上改变形象。

但是，自己改变平衡的时候，因为穿衣癖好根深蒂固，肯定会出现“这样真的合适吗？”“还是不改变了吧？”之类的迷惑。

我要反复强调，这种时候，就按这本书里的图片“依样”穿着并走出去吧。总之先试着穿上，不知不觉中自然就有了时尚感。

Rule 6

贴身款式
只需腰部贴身

刚才我们讲了，不改变全身的平衡就无法打造时尚的印象。那么，挑选怎样平衡的衣服、搭配出怎样的平衡才好呢？

我是把“贴身款式需要做到腰部贴身”这一点作为基础的。

上衣选择肩膀位置贴身的小号，不要有宽松处。衬衫的长度基本按照无论是否系进短裤或裙子皆宜的长度来选择。

下装也选择贴身的。若因为介意包臀而买了大一号的，则会比实际体型更显胖。臀部大的人选择腰部贴身的下装，反而能凸显细腰。把上衣系进去露出贴身的腰线，绝对会显得苗条。

有不少人穿着紧身的下装时会问：“会太紧吗？”但是，平时习惯宽松打扮的人如果觉得“会太紧吗？”那就是刚好。穿上以后慢慢就会习惯了。

也有人问“腰的位置需要这么高吗？”，这也是一样的道理。

对着镜子，请试着把下装上围拉到腰部最细的地方，肯定比自己想象的位置要高一点。而人们普遍认为腰线以下是腿部，所以会有拉长双腿的视觉效果。

最初客人可能会对尺寸合身、腰部贴身的衣服有抵触。但事后肯定会发给我“别人问我是不是瘦了”这样高兴的反馈。所以请大胆地露出贴身线条，这样的尝试很有价值。

Rule 7

最后一个步骤：把颈部、手腕、足踝这三个性感地带露出来

基本款衣服用饰物搭配的时候，最后一个步骤务必不能忘记。经常看杂志就会发现，照片中的造型肯定会把袖口卷起来，大多用往上微卷的方法。

“露出三个性感地带”法则是造型的基本技巧。三个性感地带是指颈部、手腕、足踝这三处。因为它们是女性身体最纤细的部位，着重展示这三处能散发出强烈的女人味。

首先，把衬衫领子立起来，颈部会显得更美。领子是否立起来，下颚的曲线感完全不一样。

其次，衬衫或上衣外套的袖口以及裤脚也要卷起来。卷成圆润型增加厚度的话，对比出手腕更加纤细。标准是用一厘米左右的宽度卷三折。靴子和裤脚之间只要露出脚踝处肌肤，就有了潮流感，还能显瘦。

同样的衣服，改变这些细节后，效果完全不一样。务必记住在最后一个步骤，做到这一点。

How to Roll Up

1. 首先，将袖口较宽地往上平翻一层。

2. 往上滚动折 1 厘米。

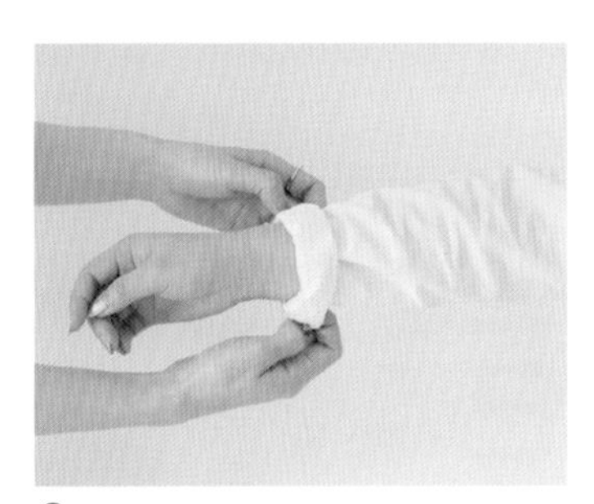

3. 第二次往上滚动折 1 厘米。

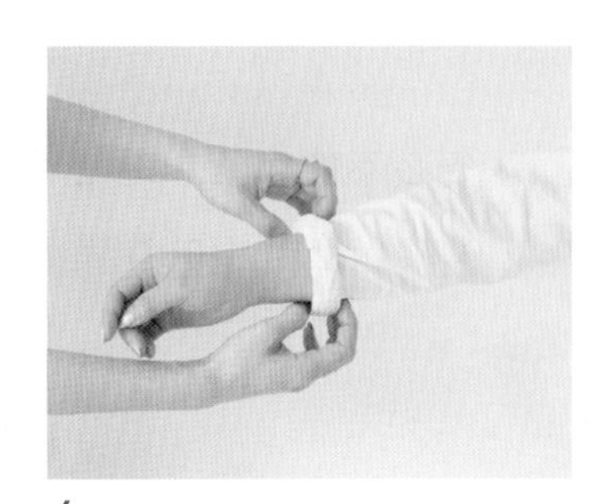

4. 第三次往上滚动折 1 厘米。

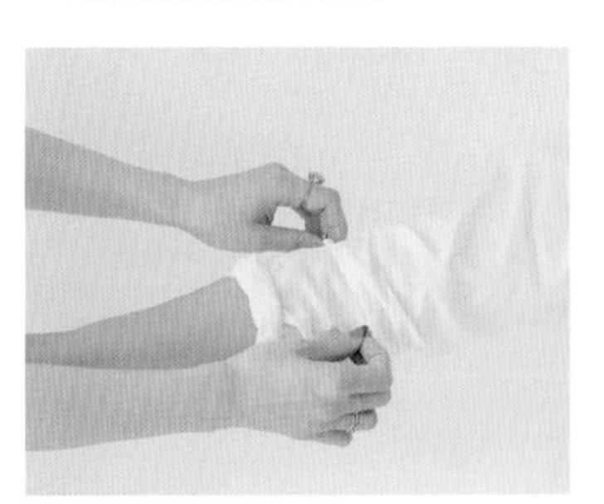

5. 最后上面稍微卷起一些。完成！

紧腰宽胸的方法

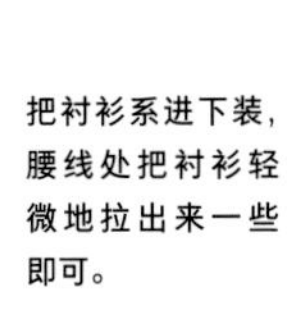

把衬衫系进下装，腰线处把衬衫轻微地拉出来一些即可。

Chapter 02 衣柜

首先从衣柜中拿出所有衣服，轻松穿出潮流感

在搭配衣服前，先确认衣柜里有什么衣服。因此拿出所有的衣服是最简便的方法。每个人都对衣服的款型有偏好。知道自己的购衣偏好，就往时尚达人的方向迈进了一大步。

思考今天要见面的对象

我做私人造型之前，一定会先向对方做好咨询。

我会刨根问底地提问：身处怎样的家族环境中、是否已婚、是否有孩子、如果有那么是男孩还是女孩、在工作的话工作内容是什么、是否需要加班、单身的话是否有心仪的男性、如果有男朋友的话约会是怎样的流程，等等。

我也会单刀直入地问“想做的事”。“想结婚吗？”“想出人头地吗？”“精心打扮后想去哪里？”“兴趣爱好是什么？”，等等。问题会深入到让人觉得可能太涉及隐私。但了解客人的生活背景、想做的事、身边重要的人、要见面的是谁这些情况，才便于造型设计。和怎样的人见面、想让对方留下怎样的印象，只有把握这些才能找到搭配的切入点。

想在约会的时候向男友呈现可爱的一面，还是想让工作上第一任客户对自己有信赖感，思考到这一步的话，搭配起来就简单了。

比如，可爱系女性请参照本书第68页，想让对方有信赖感的女性请参照本书第94页的搭配方案。

考虑见面对象的心情才能更好地接近时尚。因为想让对方愉悦的心意能传达给对方，氛围也会变得非常好。想让对方高兴的这种尊重，是决定时尚搭配的捷径，更容易让人觉得“品位好”。

试着把所有衣服都拿出来试穿，会大幅提升品位

那么，询问结束后就该去客人家里了。我会让客人拿出家里所有的衣服。衣架上的、衣柜抽屉里的，所有衣服都拿到床上摆开。

按上衣、裤子、裙子、鞋、包等种类分开，全部拿出来是很重要的。

请大家务必拿出衣柜里的衣服，试着摊开来从上方看，这样做很重要。法则中也写了，这样做一下就能知道以往买衣服的偏好是什么。虽然麻烦一点，但经过这种麻烦后，就能得到超出预想的“好品位”。只要这样做一次就够了，在换季的时候尝试一下吧。

需要确认的有两点。

首先，确认一下白衬衫、白T恤、基本款牛仔裤这类，以及后面要介绍的基本款单品是否都有。如果没有就去买齐。没必要买贵的，我陪客人买衣服经常去优衣库、GU之类的地方，便宜实惠的衣服就足够了。相比价格，款式简单才是王道。

另一点，法则上也写了，检查一下是否有相同款型的衣服。明明有很多衣服，穿起来却总是一种风格的人，就属于爱买同款型衣服的人。

比如喜欢穿遮住臀部的长款上衣的人，总爱把上衣下摆放到裤子外面。这类人只要把衣摆系进去突出腰线，形象瞬间就能改变。需要确认的不是颜色，而是款型。即便有很多不同颜色的衣服，款型一样的话，形象也无法改变。

鞋和包也是一样，如果买的都是大包、浅口鞋，造型就会千篇一律。

把衣服摊开来看，除了能了解自己购衣偏好外，还能趁机检查衣服的新旧程度。同款型的衣服，首先把有破损的、有蛀洞的、泛黄的、起球的衣服丢弃吧。

去购物之前，把手头上的衣服仔仔细细检查一遍才不会重复购买。所以把衣服都摊到床上，确认一下缺少什么衣服，重复购买过什么衣服吧。

放置“全身镜”

有一种比买任何衣服都更能提升品位的道具，那就是全身镜。

模特家中肯定都有大的全身镜，时尚不是细节的战斗，是整体的战斗。第一眼让人觉得时尚的女性，首先是全身协调感很好的人。因此，确认全身造型比什么都重要。

鞋和包实际上最能体现个性，对鞋和包的选择，才是决定品位好坏的关键。所以为了出门前能看到全身造型，尽量把镜子放在玄关处。特别是鞋子，不实际穿上照镜子，是不知道是否跟整体协调的。

我自己也经常穿好鞋子后照镜子，感觉“有点不对”就换一双。养成出门前必在镜子前确认全身搭配很完美的好习惯吧。只要每天客观地审视自己，时尚的品位就会提升。

照镜子不仅培养时尚感，养成每天照镜子的习惯后，身体还会潜移默化地发生不可思议的改变。

前文提到过穿合身的衣服、穿贴身的衣服、露出三个性感地带这些技巧，如果实践起来，加上每天照镜子，身体就会自然保持优美的站姿、自然地变得紧致。

衣服穿得越久，就越能和身体契合，蜕变出浑然一体的美。每天注视镜中的自己则能加快这一进程。

戒指、手链、手表的优雅组合，营造手的完美物语

手部的时尚应该如何打造呢？其实手部的时尚可以脱离全身的协调性。所以随心所欲地装扮双手，打造手的时尚世界吧。

手是容易引起话题的部位。交换名片、伸手摘墨镜时，美甲、戒指、手镯等很容易被注目。特别是女性，会无意识地注视对方的手。请务必享受装扮双手的愉悦感。

现在流行的是重叠地佩戴细的金戒指，或把指尖戒戴在第二关节。设计华丽的戒指也不错。如果有那种为参加宴会买的戒指，平时就可以戴。白衬衫和牛仔裤，配上设计华丽的戒指，就能成为像简 •柏金那样的时尚女性。

手镯是一种只要佩戴就能吸引人眼球的单品，因为戴的人比较少。特别是在春夏季，手腕露出来的机会增多，手镯能营造出与众不同的时尚感。这在本书后面第82页的法则中会详细介绍。尝试手镯和手链的各种组合，平时轮换佩戴，就不会为如何搭配烦恼了。

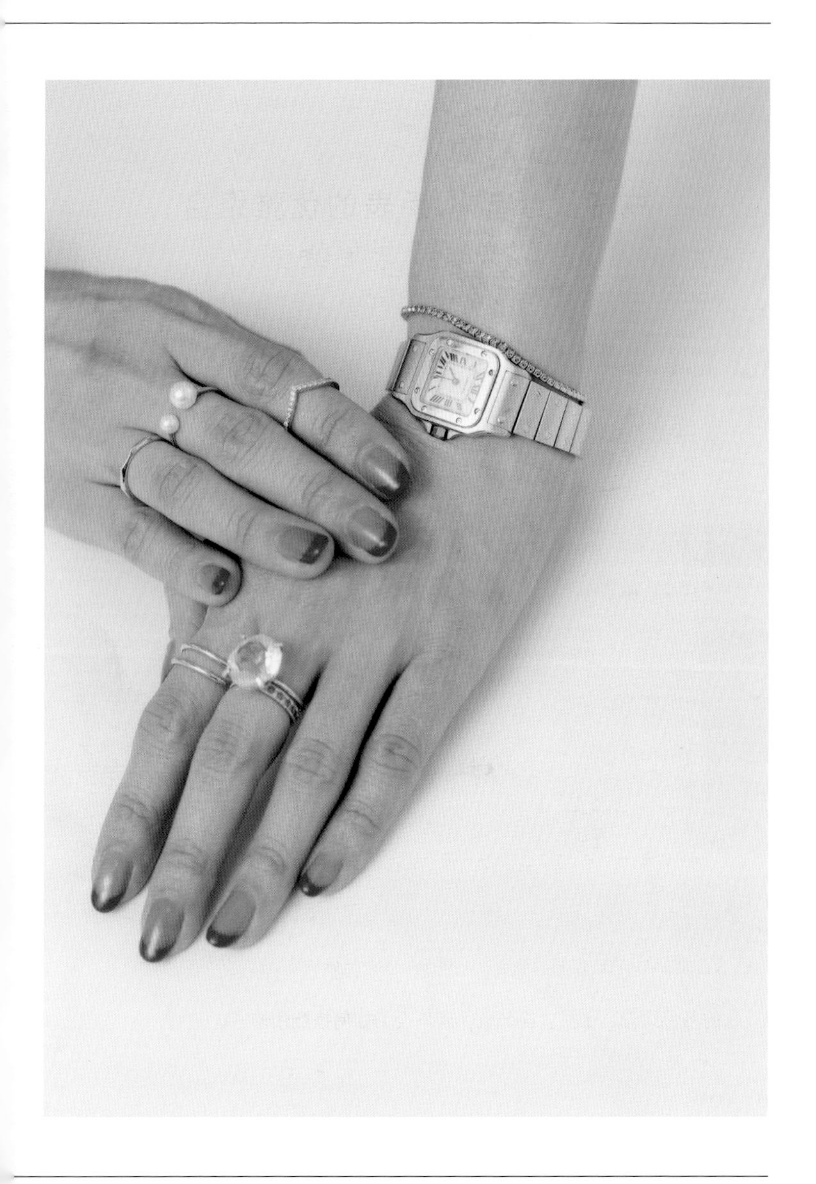

Chapter 03 搭配

搭配就是
用饰物点缀简单的衣服，
露出三个性感地带

我们已经了解了基本款衣服是最强的单品。其中“华丽型”和“休闲型”如果能融合，就能达成“无法言喻的时尚感”。必须记住的一点是，最后一定要让三个性感地带露出来。做到这一步就完成了。

白衬衫 : LE JUN
羊毛衫 : JOHN SMEDLEY (LE JUN)
牛仔裤 : 优衣库
腰带 : 优衣库
帽子 : LE JUN
眼镜 : 私人物品
手拿包 : 私人物品
浅口高跟鞋 : FABIO RUSCONI PER WASHINGTON

拥有多少“普通”的单品是时尚的关键

前面已经提过，有品位的女性，是那种“明明着装简单，却让人觉得时尚”的人。

能熟练驾驭人手一件的基本款单品，这种技能才是“好品位”的本质。

白衬衫和牛仔裤是最简单的搭配，大家都有这类单品，日常穿着这种风格的人也有很多。这种稍有不慎就会变得“庸俗保守”的单品，我们来试着搭配出时尚感吧。

这种搭配，最重要的是“购买的时候”。就如法则一中提到的，衬衫和牛仔裤应该选择款式简单，剪裁贴身的。购买有花边、蕾丝或者尺寸偏大的款型是禁忌。

买好了基本款的白衬衫和牛仔裤后，用饰物来点缀，打造出属于自己的风格。因为是和基本款衣服搭配，即使没有自信，随意戴上喜欢的饰物一般也不会失败。

比如，可以和手拿包搭配，我认为手拿包可以看成衣服的一部分。这种单品只要有一个就能满足对色彩和花纹的需求。拥有几个不同风格的手拿包是很有必要的。一个手拿包就能瞬间带出潮流感，所以请尝试各种搭配。本书后面第86页会详细说明。手拿包的选择没有特别规定，随意搭配自己喜欢的就可以。

另外，用本书后面第136页要介绍的亮色对襟毛衣来提亮色调，搭在肩上增添华丽感，再加上帽子和墨镜做点缀也可以。这种搭配再配上亮色浅口鞋或者腰带，虽然一共加上了五件饰物，但因为衣服本身款式简单，搭配在一起就很自然。

下装的打理方面，抛开运动鞋，选择皮鞋吧。休闲牛仔裤配上皮鞋，成熟美人的气质会油然而生。手拿包和皮鞋，让你轻松变身成熟女性。

最后，遵照法则里说的，露出三个性感地带。把衣服裤子卷起来露出手腕、脚踝，把领子立起来露出颈部，一样的衣服会穿出不一样的风情。穿衣的最后步骤就是要整理这三处，这样即使穿着一样的衣服，也能站在潮流前端。

衣服的黄金比例是1：1

无袖衬衫：ZARA
短裙：ZARA
项链：Ane mone
手链：私人物品
手拿包：私人物品
鞋子：私人物品

如果凸显腰线的位置，任何人都能身型优美。首先要穿着贴身的上衣，或者把上衣系进去穿出腰线，视觉上会显瘦。

不用担心“肚子会挺出来”或“最近比较胖”之类的问题。我有个丰满型的女性朋友，经常穿着显出腰线的衣服，魅力十足，独占了男性的视线。

这种显腰身的技巧，用于任何体型都能穿出曼妙身姿，“秒杀一片”，请务必尝试一下。

黄金比例是1∶1。衣服

针织衫：Mystrada
衬衫：LEPSIM LOWRYS FARM
裤子：Mystrada
眼镜：私人物品
包：Mystrada
鞋子：私人物品

上下比例也是一样。和裤子搭配时比例应为1∶2。穿裤子时也和穿裙子一样，要把腰线穿出来。

这个比例是显瘦的黄金比例，因搭配而烦恼时，首先从比例入手。

两张图片上，裙子和裤子的两种搭配都有，首先，因为A字裙容易衬托比例，一定要把衬衫系进裙子里面。然后把裙腰穿到腰身最细的部位，很多客人会问“需要穿到这么高的位置吗？”，起初会觉得“位置太高”，穿习惯以后就好了。

因为有显瘦、增高的视觉效果，特别推荐给矮个子的人。如果配上高跟鞋，腰线的位置就更高了，腿也显得更长。

同时也别忘了“露出来”。这个搭配也要把颈部、手腕、脚踝这三处露出来。另外，为了遮住下装的裤腰松紧处，把系进去的衬衫稍微往外拉松，形成收腰宽松型（参照本书第41页），这个细节能达到完全不同的效果。

下面介绍饰物。搭配裙装的时候，颈部和手腕佩戴链子，这样突出颈部和手腕的存在感。同时统一项链和手镯的风格，整体的协调感会比较好。

1∶2的下装搭配，纵向呈I字形的话显腿长的效果很卓著。

这种搭配当然要把裤腿卷起来，在高帮的匡威鞋帮和裤边之间稍微露出腿部较好。袖口也要卷起来。脚踝和手腕露出来，再加上收腰的效果，会愈加显瘦。个子不高的话，推荐穿着内增高的匡威鞋。因为1∶2的搭配穿法略显中性，看起来像干练的职场女性，如图中所示，配上亮色包能提升女性化的魅力指数。

做私人造型师的时候，我发现有些客人为了遮住不够苗条的腰臀而选择了看不出身体曲线的大尺码衣服，却使体型更加显胖。那些起初对收腰款式有抵触的客人，实际穿上后都惊喜地发现“从来没有这么显瘦过”。

高品位的同色搭配
是全身灰色或者白色

全身同色系搭配会使时尚感“登峰造极”。因为同色系搭配让人觉得是“高品位者的高难度搭配手法”，不仅让你成为别人眼中的时尚达人，同时这种搭配本身也非常高贵雅致。

而且这看起来高难度，搭配方法却异常简单。只需要给同色系衣服配上不同颜色的饰物，如此而已。

最简单的方法是，全部采用白色或灰色这类浅色系，在此基础上用一、两件颜色鲜艳的饰物点缀。只要颜色足够艳丽，什么色系都可以。图片中用咖啡色和黑色的动物纹手拿包来提色。下一页中白色系的搭配，用围在腰上的红色格子衬衫和黑白条纹包来提色。

掌握了浅色的同色系搭配方法后，接下来学习深色的同色系搭配方法。特别是蓝色的服装，搭配

羊毛衫 : LEPSIM LOWRYS FARM
T 恤 : Mystrada
裤子 : LEPSIM LOWRYS FARM
项链 : Mystrada
帽子 : LE JUN
手拿包 : 私人物品
鞋子 : FABIO RUSCONI

T 恤 : Gap
衬衫 : LEPSIM LOWRYS FARM
牛仔裤 : Gap
墨镜 : Ray-Ban (LE JUN)
包 : Carol J. (UNIVERSAL LANGUAGE)
鞋子 : 私人物品

得好就很脱俗，请务必尝试一下。

搭配深色衣物时，饰物反而要用白色或银色。图中珍珠项链、白色腰带、格子纹皮鞋和条纹手拿包的白色部分都遵循了这一原则。

这样搭配能缓和沉重感，在蓝色系中融入休闲风。

上衣 : Mystrada
牛仔裤 : 优衣库
腰带 : Littlechic
项链 : Ane mone
手拿包 : CASSELNI
浅口高跟鞋 : REZOY

衬衫 : Littlechic
裙子 : Mystrada
项链 : 私人物品
丝巾 : Littlechic
包 : Mystrada
浅口高跟鞋 : R&E

不要迷恋粉色、蕾丝、花边，成熟女性的美用藏青色体现

粉色、蕾丝、花边，对于成熟女性来说都是危险的元素。利用不当就会显得幼稚、惨不忍睹。这样的单品叠加得再多也穿不出性感，能蕴生出妩媚感的不是粉色，而是藏青色。

虽然藏青色乍一看很中性，但若选择垂坠感材质或隐约透明材质的衬衫就很性感。正因为是知性感十足的色调，才有恰到好处的性感。比甜美系单品打造的少女风更能突显高层次的品位。

衬衫已经很性感，整体搭配就不会俗气。配上黑色的铅笔裙和彰显品位的饰物，如色彩艳丽的包和素面浅口鞋，干练的女性形象打造完成。

就餐时起身去拿玻璃杯，那摇曳生姿、若隐若现的藏青色背影，肯定会牢牢吸引住男性的目光。

为了穿出品位，禁止“西装成套穿着”

外套：COMME CA ISM
衬衫：ZARA
裤子：LEPSIM LOWRYS FARM
眼镜：私人物品
包：Bruno Rossi Bags
浅口高跟鞋：R&E

西装要穿出品位其实很难，西装的形状和颜色单一，是最难穿出个性的单品。大多数人穿西装都给人留下“生硬、乏味、太过保守”的印象。所以推荐“单穿法则”，就是放弃西装成套穿着的方式。

即便不是一整套的西装，在搭配的时候加入两三件保守风格的单品，就足够对付职场了。

穿别的衣服来搭配西装，马上就会变得洋气。正装也能穿出时尚，蕴生出超凡脱俗的气场。

首先需要的是黑色夹克衫。这个时候要注意不能穿西装上衣，必须选择单件夹克衫。西装上衣因为与下装成套制作，长度和宽幅与其他衣服不相配。

进一步来说，包和鞋其中一方（或者两方）应选择稳重的样式，搭配高跟鞋和基础色的皮包，就不会给人太随意的感觉。

这样穿着，无论在哪种正式场合，都能变身让人有信赖感的女性。

外套：COMME CA ISM
衬衫：ZARA
裙子：LEPSIM LOWRYS FARM
包：Bruno Rossi Bags
浅口高跟鞋：FABIO RUSCONI PER WASHINGTON

用锁骨和耳环来虏获眼球

无袖衬衫 : ZARA
裤子 : Mystrada
耳钉 : Ane mone
手镯 : 私人物品
包 : 私人物品
浅口高跟鞋 : 私人物品

我们约会、联谊，或和心仪的男性一起用餐时，一定想让自己风情万种的形象深入人心。这种画面中，让人记忆最深刻的是上半身的形象。

想让上半身充满魅力，可以参照新闻主播的造型，因为日常摄影会对着上半身。比如女主播泷川雅美，她的搭配既能体现女性的妩媚，又有清爽感和知性美，可以作为时尚参考。

仔细观察女主播的造型，会发现上衣必定选择能展现锁骨优美线条的款式。如果穿的是衬衫的话，扣子系上的位置会比我们印象中更往下，露出锁骨，但不会佩戴项链，戴项链会把视线聚焦到胸口处，不戴是为了不让这个位置存在感太强。代替项链的是大耳环，为了让大开的领口不过于瞩目，就用醒目的饰物装饰在面部周围吸引视线。

性感外露的女性，欠缺时尚的品位感。如果说一个人“没有品位”，指的是其不具有“知性美”。用自己的知性美来体现性感吧。

上衣 : The Dayz tokyo
外套 : COMME CA ISM
裙子 : Mystrada
项链 : Ane mone
手镯 : Mystrada
手拿包 : 私人物品
鞋子 : 私人物品

婚礼避免穿连衣裙，改为雪纺无袖上衣

参加宴会或婚礼时，首先想到的就是“穿连衣裙”。这种场合如下单品绝对不能买：装饰感强的连衣裙、羽纱披肩、抹胸、有花纹的连裤袜、有带子的金银色浅口鞋。

而且我要强调，这些单品参加婚礼以外也不能穿着。这一类飘飘柔柔、闪闪发光的单品，与日常生活格格不入，再怎么“努力搭配”效果都很糟糕。在难得可以打扮自己的日子里，因为这些单品减分实在是一大损失。

如果决定了不选择这些服饰，就完成了出席重要场合的服装搭配的第一阶段。

向客人提议放弃在婚礼穿连衣裙时，大多数客人都会很惊讶。其实上下分开穿的宴会装才是王道，既不会撞衫，又有“与众不同”的氛围。

没必要为了参加婚礼特地去买衣服。专门为婚礼买的衣服，不适合其他场合穿，这种情况是很常见的。

我总是向客人提议，不管是应邀做客还是参加婚礼，选择一样的衣服就可以了。这样的单品在正式场合也毫不逊色，愈发衬托出气质。且平日里穿着时想到“穿着这个去参加婚礼也毫不逊色”，也是种很开心的感觉。

能起到这种作用的衣服，是如图所示的色彩鲜艳的无袖雪纺上衣。这种单品平时可以穿在外套里面，如果搭配牛仔裤还可以打造出休闲风。

宴会穿的裙子，选择直筒裙或平时职场穿的裙子都足以出彩。

上下装都打理好了，只剩下选择饰物的步骤。想在宴会上光彩照人最重要的诀窍就是运用饰物。选择的饰品要大到发出“这么大真的可以吗？”这种感叹的地步。最推荐的颜色是金色，所有颜色中金色是最华丽的。所以出席重要场合时，包和鞋子选择金色的吧。

最后一步，是整理露出三个性感地带，宴会时的技巧是外套不要穿袖子，披在肩上即可。这个小技巧能轻松打造出明星气质。不习惯这样穿的人最初可能有违和感，这并无大碍。至此，不会撞衫的完美宴会造型就打造完成了，当然这里搭配的包和鞋平时也都能穿。

根据场合换装
才能让人印象深刻

粗蓝布衬衫 : niko and ...
T 恤 : Gap
牛仔裤 : Gap
腰带 : 优衣库
项链 : 私人物品
墨镜 : Ray-Ban (LE JUN)
帽子 : 私人物品
披肩 : Littlechic
包 : LE JUN
凉鞋 : Gap

如果和男友去海边约会，准备衣服的时候想象一下漫步沙滩时的场景。参加活动的前一天，一边想象活动场景一边选衣服，你不仅能在当天充满魅力，而且将“享受了这个准备的过程！”这种心情传达给对方，对方肯定也很高兴。“想改变自身形象”的时候，像这样想象那时的场景来打扮自己就能成功。

图片中是海边的造型，海边的基础单品是日常款牛仔衬衫。搭配度假风十足的饰物，如草帽和墨镜。鞋子换成方便赤足的凉鞋。还有夏日风情的鲜艳丝巾跟网格腰带，也都是很适合海边的单品。

换装的好处是能使一个人千变万化。今天和男友在海边漫步，明天在职场利落工作，后天和闺蜜享受午餐，女性越多变越有魅力。

我认为时尚是想让对方愉悦的心情。想和对方在某个场合下尽情欢乐的心情，一定能传达给对方。

饰品放在透明袋中 立显品位

虽然拥有饰品，却不习惯佩戴的人，请马上把这个习惯改掉！

我每次做私人造型时，都会把客人所有的饰品集中到一起。其实只要这么做，时尚分数就会上升。拥有什么，缺少什么，一目了然。或许有点麻烦，但只要一次就够了，建议尝试一下。

把所有饰品都排列好，俯视检查饰品的款型，比如留意一下买的是否都是长项链。

此时可以把链子断了的项链这类尚可修理的饰品拿出来修理，或者把不能再使用的饰品依依不舍地丢弃。把缠绕在一起的项链趁早解开，否则早上匆忙出门前发现要戴的项链缠在一起就会手忙脚乱。

最后，用从平价商店买来的透明小袋子分装好每个饰品，这样每件饰品一目了然，找起来很方便。另外，如图所示的项链和长款耳环，从袋子中稍微留出一点头，这样做能避免缠绕。家中所有饰品都做好随时可以使用的准备，这样做看起来很琐碎，每天使用时却非常便利。

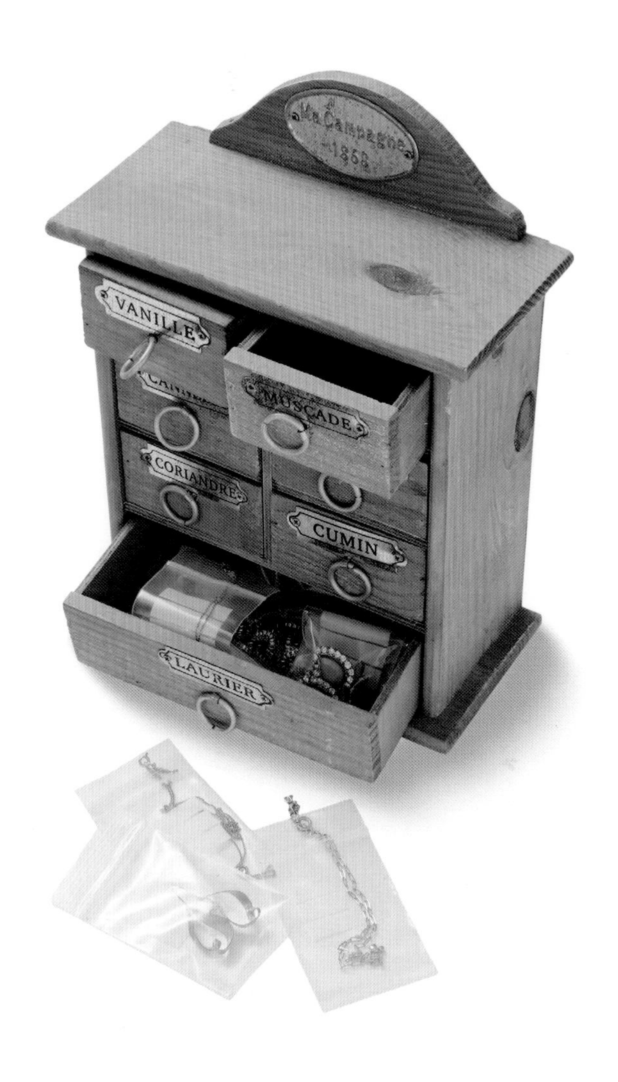
Ma Campagne
VANILLE
MUSCADE
CORIANDRE
CUMIN
LAURIER

美丽动人
掌握完美搭配饰品的法则

项链、耳环（耳饰）、手镯、戒指。这四种代表性的饰品如何搭配才协调，其实是有法则的。法则很简单，掌握它绝对有用！

首先，一起佩戴的饰品材质要统一。佩戴金项链的话，就要搭配金耳环，这样才有统一感。搭配珍珠、绿松石之类的更显成熟魅力。材质的统一是第一步。

然后，大款式的饰品要和小款式的饰品搭配，如果想戴两个大的饰品则要拉开距离佩戴，明确一下想要采取哪种搭配。

比如，佩戴大款式项链的时候，搭配小款式耳环比较协调。脸部周围有两个大的饰品时，饰品会比脸更引人瞩目。相反，佩戴小款项链的时候，搭配大耳环比较好。

另外，佩戴大款项链时，也可以不戴耳环，选择佩戴离项链较远的手镯或戒指。

很简单吧？也就是说同时佩戴大款饰品，距离太近就显得繁复，只同时佩戴小款饰品又不够引人注目。这些规律务必要掌握。

统一用金饰品

项链 : Ane mone
戒指 : Ane mone

镶嵌宝石的底座
用金饰来构成协调感

手镯 : LEPSIM
LOWRYS FARM
耳钉 : Ane mone

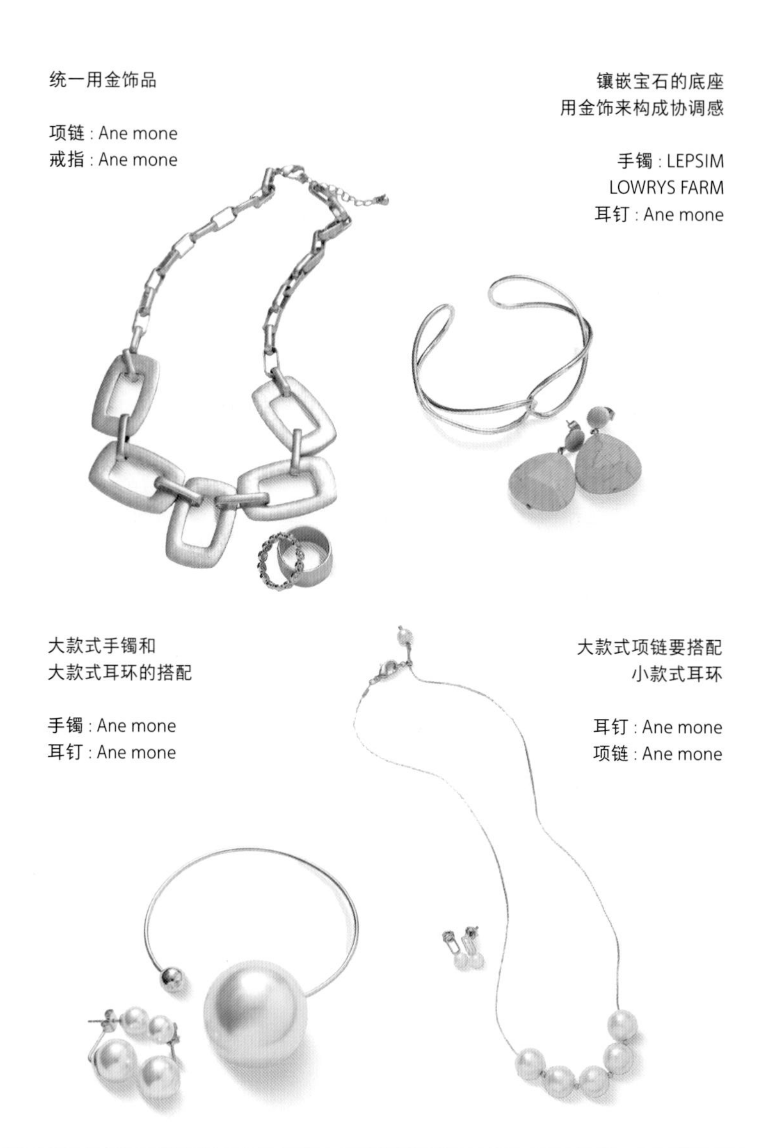

大款式手镯和
大款式耳环的搭配

手镯 : Ane mone
耳钉 : Ane mone

大款式项链要搭配
小款式耳环

耳钉 : Ane mone
项链 : Ane mone

Chapter

04 包

拥有包数量越多的人越时尚

一个人是否时尚的标准在于包，这么说并不夸张。包是搭配的重点。提亮色调、改变风格，只要一个包就能自由发挥。包同样没有必要买贵的。

羊毛衫 : JOHN SMEDLEY (LE JUN)
白衬衫 : LE JUN
牛仔裤 : 优衣库
项链 : 私人物品
手拿包 : 私人物品
提包 : GU
鞋子 : ZARA

包越多越好

编织手拿包 s: LEPSIM LOWRYS FARM
金色手拿包：私人物品
火烈鸟手拿包：LEPSIM LOWRYS FARM
丝带手拿包：CASSELINI
粉色手拿包：私人物品

包的确是时尚的重点。包和鞋比衣服更能展现个性。包的风格对整体风格起到决定性作用。因此，不同风格的包越多，造型越多变。可以说比起衣服，包的数量越多就越时尚。

其中手拿包即便用亮色系也很协调，轻易就成为整体造型的一个亮点。既没有必要买贵的，也不限花纹和颜色，选择心仪的包即可。

造型的目的是增加亮点，因此手拿包的款式推荐亮色款、花纹款和条纹款。材质方面，夏天选择藤质，冬天选择皮革、毛毡等，让心情也能感受季节的变化。

特别值得推荐的是颜色鲜艳的花纹手拿包，也不仅限于手拿包，因为花纹款式包罗各种颜色，和任何颜色的衣服都可以搭配。只要花纹中有一种颜色和衣服相配，整体就协调了。

例如这次使用的花纹手拿包，上衣的黄色和手拿包的黄色相得益彰，整体协调性就很好。不用是完全相同的黄色，橙色和黄色这种近似的颜色也可以。只要和衣服颜色协调看起来就很时尚。

肯定有人认为手拿包容量太小。对于随身携带物品多的人，推荐再拎一个袋子。

那种白底上印着黑色英文字母的简洁款比较好用。我现在经常使用的就是这样的袋子。

最新出来的款式，有能装下A4纸大小物品的大号手拿包，也有展开后尺寸较大，折叠起来就是普通手拿包风格的两用型。携带物品多的人建议用这种。

不仅是手拿包，买其他包的时候也一样，在自己经常光顾的服装店里买包肯定没错。这些店紧跟潮流，从中能淘到便宜又好看的包。只要拥有一个就能瞬间脱胎换骨的神奇手拿包，现在就试一试吧。

再重申一下，基本款衣服，用包和饰物来搭配出风格，这是时尚的基础。所以请尽管去尝试各种不同风格的包。

还没有意识到包能很大程度上决定搭配风格的大有人在，所以用包来完成搭配后，会听到“不知为何就觉得很时尚”的评价。同时，养成换包来搭配衣服的习惯后，由此而生的品位将是一生的财富，请务必尝试。

回头率高的女性，都有一个彩色的包

针织衫 : Mystrada
白衬衫 : LE JUN
牛仔裤 : GAP
帽子 : 私人物品
眼镜 : 私人物品
包 : Mystrada
鞋子 : UNIVERSAL LANGUAGE

色彩鲜艳的包有增色效果，是提升品位的单品。

使用彩色包只有两个法则。全身上下单色调或者同色系搭配时用来增色，又或者和上衣颜色呼应使用。和单色调衣服搭配时，能彰显出“用色大胆”的良好品位。和上衣颜色呼应时，整体感就比较好。

彩色包价格便宜的也不错。其实，选择包的重点是看五金配件。看起来不起眼的五金配件实际上决定了包的整体印象。最佳选择是哑光的金色，不会显得廉价。

不选择“闪闪发光”的材质是很重要的一点。漆皮之类的材质过于闪亮因而有廉价感，这一点需要注意。最需要避开的，是带有亮闪闪金色五金的黑色漆皮包。

春夏季可以选择黄色、绿色、蓝色这些清爽的颜色。秋冬季可以选择沉稳的芥末黄、苔藓绿、酒红色等易于搭配的颜色。银色或金色的包则四季通用，可以轮换搭配。

动物纹远离脸部才比较酷

灰 T 恤 : Mystrada
粗蓝布衬衫 : niko and ...
裙子 : Mystrada
墨镜 : Ray-Ban (LE JUN)
帽子 : LE JUN
手拿包 : 私人物品
鞋子 : 私人物品

用动物纹配件点缀无伤大雅。不仅是包，还有鞋、皮带，只要有一点动物纹式样点缀，让你瞬间变身为“成熟女性”。

看起来很难搭配的动物纹其实跟简单款式的衣服都很好搭配。了解它的百搭性能后，绝对会爱不释手。

动物纹中最好用的是豹纹。因为它包含了基本款衣服中不可或缺的米色、茶色和黑色，而这三种颜色与任何颜色的衣服都很好搭配，和白色、牛仔布色、格子纹搭配就更加合适了。所以豹纹是能够随心所欲搭配的单品。

斑马纹是黑与白的组合，能和衣服中含有白色或者含有黑色的造型搭配。黑白配看起来会很酷。

有一点必须注意，不要用围巾等离脸部很近的动物纹单品，否则给人的印象太过强烈。用包、鞋或皮带等单品在离脸部较远的位置不经意地点缀才合适。

日常使用的大包
选择圆角款式更显气质

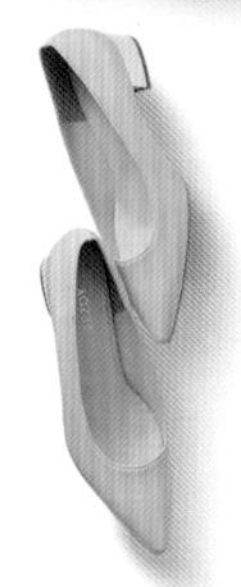

外套：la SPLENDINA (UNIVERSAL LANGUAGE)
上衣：Mystrada
裙子：Mystrada
项链：私人物品
包：BrunoRossi
浅口高跟鞋：REZOY

对于穿正装的客人工作时使用的包，我推荐选择灰白色或者米白色。通常客人会在工作中使用黑色或茶色的包。实际上日常包选择白色系更显精致且充满女人味。最重要的是，这两种颜色清新脱俗、与任何衣服搭配都给人清爽的感觉。而且灰白色或米白色在正式场合也非常适宜。

黑色或茶色的包虽然易于搭配，反过来也存在没有个性、毫无新意的弱点。特别是春夏，用黑色包非常不合时节。而且使用大面积的深色包会给人一种沉重生硬的印象。

选择包的时候除了要注意之前提过的五金外，形状的选择上也有技巧。每天使用的包若选择有棱角的款型会显得很刻板，再搭配夹克衫，形象就越发保守。推荐使用边角圆润的款型。每天使用的包如果是米白色的圆角款型，绝对能使平时穿的衣服看上去更有气质！

简单造型搭配帆布包
打造“模特的日常”风格

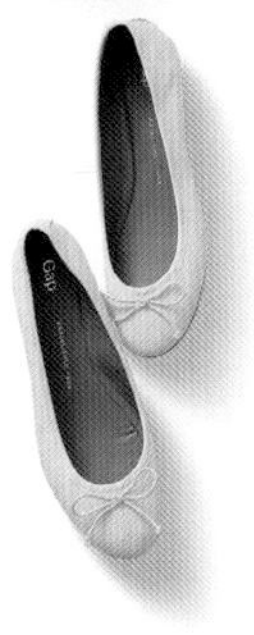

女士衬衫 : Littlechic
格纹衬衫 : LEPSIM LOWERYS FARM
裙子 : ZARA
墨镜 : H&M
包 : LE JUN
鞋子 : Gap

帆布材质的学院风手提包。款式简单的美丽造型只要配上帆布包，立即化身“模特的日常风”。它和格子、斜纹、横条纹、黄褐色的单品搭配都很协调，十分适合喜欢休闲风格的人使用。

想让造型不显沉重、带有随意感的时候，能发挥威力的正是帆布包。尤其是朴素的白色帆布包，对于在家附近闲逛，或者休息日的户外活动来说非常方便。白色给人清爽的印象，造型中有白色点缀就会显得清新脱俗。

虽然这次介绍的是小号的帆布包，我自己却经常用大号的帆布包。和爱犬一起逛公园的时候，基本上用的都是大号帆布包。其中 LL BEAN 的大号包，摄影现场的造型师几乎人手一个。

大尺寸的包能和男朋友或者丈夫共同使用，那些带着孩子需要带很多日用品出门的人用起来也非常顺手。

项链只要
“小型”“镶嵌宝石的短款”“长款”三种

之前提过要把家里所有的首饰集中放进首饰盒里。收纳时，要按照尺寸大小分三类存放。

常用的项链分小型项链、短款宝石项链、长款项链三类。按照这三类分别存放的话，早上搭配的时候会轻松很多。

竖起领子露出锁骨的时候佩戴小型项链是关键。但是根据之前介绍的原则，要和耳环或手镯等显眼的饰品组合佩戴看起来才不会太孤单。

镶嵌宝石的项链请大胆地选择短款来佩戴。可以竖起衬衫领子把项链佩戴在里面，还可以把衬衫领子全部扣上后佩戴在外面，让宝石更加夺目。短款宝石项链跟简单的毛衣、圆领开衫、T 恤等都很容易搭配。

带挂坠的长项链，很轻易地就在上半身做出 V 字，显瘦效果显著。挂坠很大也无妨，因为远离脸部周围就不会过于抢眼。推荐有厚重感的百搭款式。

月牙金项链 : LEPSIM LOWRYS FARM
宝石项链 : 私人物品
小型金项链 : 私人物品

耳环有三个足矣：“小型”“大型”“超大型”

前面说过，女主播作为知性美的代表，最常使用的不是项链，而是用耳环打造出散发性感魅力的造型。在此强烈推荐成熟女性养成佩戴耳环（耳饰）的习惯。

最好拥有三种款式的耳环：小型耳环、大型耳环、超大型耳环。

单独看小型耳环的话有点不起眼，和项链、手镯、大的戒指等一起佩戴比较好。大型款选择摇晃型耳坠最好看。摇晃型耳坠能在无意中让心仪的男性怦然心动。

更大一号的耳环，乍一看可能太华丽，实际上是活跃度很高的单品。如果你犹豫“这么大合适吗？”，那么就选择它。

即使是白衬衫配牛仔裤的普通造型，把领子竖起来，小型项链加上大型耳环，造型的“特别感”就出来了。既可以选择环状耳饰，也可以选择图片中的宝石镶嵌型耳饰。

如果想三种都买齐，选择H&M这类平价时尚品牌就能买到很多美丽的饰品，价格便宜的耳饰也有很多选择。

大耳环 : 私人物品
金耳环 : Ane mone
小耳环 : 私人物品

Chapter 05

鞋

犹豫不决时就选匡威
想要酷一点
就选尖头平底鞋

鞋子和包一样，决定着全身的造型风格。对于鞋子，很多时候我们会有“看起来有很多鞋，其实风格一样！”的感觉。只有拥有各种风格的鞋子，才能迅速拓宽造型搭配的范围。

犹豫不决时就选匡威

T 恤 : Mystrada
针织衫 : Mystrada
裙子 : Mystrada
针织帽 : 私人物品
墨镜 : Ray-Ban (LE JUN)
手拿包 : 私人物品
鞋子 : 私人物品

包和鞋，实际上比衣服更能左右造型风格，关于这一点我已经说过无数次。因此对鞋子越在意，越能显出不俗的品位。然而在意鞋子并不是指必须买很贵的鞋子。

搭配鞋子的基本方法有两种："与衣服的风格一致"或"同衣服的风格相反"。风格一致时有统一的效果，风格相反时有混搭的效果。我极其推荐"混搭"的技巧。风格一致的方法很简单，"混搭"的方法多尝试几次也能轻松掌握。

觉得造型不够脱俗的时候，选择和平时风格相反的鞋子，将喜好混搭，瞬间就会有潮流感。

比如华丽的衣服搭配皮鞋会有"统一感"，搭配休闲鞋就会有混搭的效果。反过来，休闲的衣服搭配休闲鞋会有"统一感"，搭配皮鞋就有了混搭的效果。

另外，最有用的休闲鞋，特别是白色匡威鞋，是必备的单品。曾经试过好几十双休闲鞋，给很多客人做完造型后发现，白色匡威鞋在一千人中就有一千人推荐，是百搭神器。没有比白色匡威鞋更能随心所欲搭配的鞋子了。

匡威鞋有高帮和低帮的区分，选择自己喜欢的款式即可。推荐矮个子选择高帮鞋，因为高帮鞋内部可以放置增高垫，有偷偷拉长腿部的视觉效果。

增高垫在鞋店就可以买到，东急 Hangs 之类的杂货店里也有。增高垫只要放进鞋子里就可以穿，并不需要夹扣之类麻烦的辅助工具，可以在“今天想让小腿看起来更修长”的日子里轻松使用。

有本白和雪白两种白色，我推荐雪白的款式。作为和华丽衣服混搭的单品，最开始还是用雪白的更容易搭配。

与前面介绍过的直筒裙搭配，或者与本书第158页中女性化的造型搭配时，抛开浅口鞋，大胆地搭配白色匡威鞋是最合适的选择。绝对脱俗且潮流感激升。

尖头平底鞋有拉长腿部的视觉效果

黄色运动鞋 : LEPSIM LOWRYS FARM
条纹浅口高跟鞋 : REZOY
银色浅口高跟鞋 : CARMAN SALAS

头部尖锐的鞋我们称为尖头鞋，推荐选择没有鞋跟的平底鞋。平底鞋选择圆头的话会略显孩子气。鞋头尖锐的款式较显女性化和优雅，腿部也能显得修长。

粗蓝布衬衫 : niko and ...
针织衫 : Mystrada
牛仔裤 : Gap
腰带 : H&M
帽子 : 私人物品
包 : 私人物品
鞋子 : CARMEN SALAS

与下一页中男孩子气的造型搭配时，尖头平底鞋比圆头鞋看起来干练得多。

与下一页的裙子搭配时，有一种穿着高跟鞋似的优雅氛围。

金色或银色花纹的平底鞋是十分易于搭配的单品。前面我也提过，特别是有花纹的鞋子，与任何颜色的衣服都能搭配协调。犹豫的时候就选花纹吧。

银色或金色这类闪亮的鞋子如果是平底款式的话，不会过于华丽，脱俗感即现。

休闲鞋的风格随性，平底鞋的风格动感，高跟鞋的风格性感。总而言之，熟练混搭各种风格的鞋子，享受

上衣 : Mystrada
裙子 : LEPSIM LOWRYS FARM
项链 : Mystrada
手镯 : 私人物品
墨镜 : Heather
包 : 私人物品
鞋子 : ZARA

不同个性带来的愉悦感吧。

实际上，改变自己鞋子的风格是最难的。我们很容易形成个人喜好，鞋子的风格一旦改变，比衣服风格的改变更有违和感。装饰和颜色即便不同，也习惯性会至少选择形状相同的鞋子。所以最初应该有意识地尝试穿各种风格的鞋子，你一定会惊讶于自身形象的华丽转变。

彩色浅口鞋是秘药

灰T恤 : Mystrada
外套 : COMME CA ISM
裤子 : Mystrada
吊裤带 : CONTROL FREAK
帽子 : LE JUN
眼镜 : 私人物品
包 : CASELINI
浅口高跟鞋 : REZOY

衬衫 : Littlechic
裙子 : The Dayz tokyo
项链 : Ane mone
手镯 : Mystrada
包 : Carol J. (UNIVERSAL LANGUAGE)
浅口高跟鞋 : Mystrada

格纹浅口高跟鞋 : REZOY
白色浅口高跟鞋 : R&E
绿色浅口高跟鞋 : FABIO RUSCONI PER WASHINGTON

彩色浅口鞋是能让造型瞬间脱俗的秘药。因为用饰物来提亮色调时能带出潮流感，简单的造型只要穿上一双彩色浅口鞋，就打破了保守的风格。左侧较为帅气的造型如果搭配一双黑色或浅灰色平底鞋就会毫无特色可言，也凸显不出品位。

彩色平底鞋应选择较为显色的款式。无论与华丽造型还是与休闲造型都能搭配。困惑的时候，推荐选择黄色，黄色不管与暖色系还是冷色系造型搭配都很协调。

与单色调的造型搭配时，选择任何颜色的彩色平底鞋都可以。在一般情况下，想搭配黑色平底鞋的时候，换成彩色平底鞋时瞬间脱俗的感觉是很不可思议的。如果担心颜色明快的彩色平底鞋会过于瞩目，就在造型的某一处使用同色系搭配就没问题了。如左上的图片，包的颜色中点缀了黄色，协调性就很好。但即便没有同色系搭配的颜色，如右侧的造型，选择任何颜色的平底鞋也都可以。

只是，如果现在计划购买彩色平底鞋的话，选择与拥有的上衣或包的颜色能协调的鞋子，搭配度会倍增。

只要穿上“大叔鞋”，
就有“潮流感”

羊毛衫 : LEPSIM LOWRYS FARM
衬衫 : ZARA
裙子 : Mystrada
手镯 : Mystrada
帽子 : LE JUN
眼镜 : 私人物品
手拿包 : 私人物品
鞋子 : UNIVERSAL LANGUAGE

男性经常穿着的绑带型皮鞋，也就是“大叔鞋”，简称“叔鞋”，是造型师们的爱用单品。在较为女性化的华丽单品中混搭一双“叔鞋”，整体造型立马有了协调感。

全身女性化的造型，其实是很危险的，容易显得太过刻意，给人“老旧”的感觉。然而只要搭配一双“大叔鞋”，就会有一种微妙的打破陈规的感觉。

在玄关穿上高跟浅口鞋时如果感觉到过于女性化，请务必换成这种“大叔鞋”。这样削弱了努力感，擅长减法的女性就打造完成了。

其中最容易搭配的是黑色漆皮大叔鞋。

藏青色或银色的“大叔鞋”也常被推荐。需要注意的是茶色的“大叔鞋”。只有茶色会变成“真正的大叔”，使得搭配难度上升。

长筒靴加入棕色就不会显得厚重

军装外套：私人物品
衬衫：LEPSIM LOWRYS FARM
白T恤：LEPSIM LOWRYS FARM
牛仔裤：Gap
针织帽：CASELINI
手拿包：私人物品
靴子：私人物品

冬季时全身造型深色调偏多，搭配长筒靴时不能使整体感觉更加沉重，这一点必须注意。长筒靴占造型的面积较大，对于整体形象有比较大的影响。冬季的造型，如何在“沉重感”中加入“轻盈”的元素是关键，因此不能无视长筒靴的面积。

我常用的长筒靴是棕色的。棕色能很好地避免过于保守，不会造成只有腿部很沉重的印象。理想的颜色是如图片中这样柔和的棕色。

长筒靴是所有靴子中最能展现膝盖以下部位美感的单品。因此强烈推荐高跟的长筒靴。如果是平跟的长筒靴，可以在内部放置介绍匡威鞋时提到过的内增高鞋垫。

另外，被称为踝靴的一种高度仅到脚踝的靴子，推荐给想要看起来身形纤瘦的人使用。穿这种靴子的时候，靴边和裤腿之间，哪怕一厘米也好，要露出一部分肌肤。最应该避免穿的是中高靴，因为会把视线集中到最粗的腿肚子上。如果手头有这种靴子，现在就可以丢弃了。

无论穿跟多高的鞋
都能如履平地的秘技

上衣 : ZARA
裙子 : Mystrada
项链 : Ane mone
手镯 : 私人物品
包 : 私人物品
鞋子 : 私人物品
口袋鞋 : BUTTERFLY TWISTS

高跟鞋是女性的特权。神采奕奕地穿着高跟鞋走路的女性特别引人注目。高跟鞋是为了让腿部看起来更修长而设计的，正是为了女性的腿部美丽而存在的单品。穿上高跟鞋，走路方式改变使得姿势变美，自然会展现出优雅的气质。

然而长时间穿着高跟鞋非常累！这种时候，我肯定会在包里偷偷装一双便于携带的口袋鞋。

图片中所示的口袋鞋可以折叠非常方便。除了图片中的 BUTTERFLY TWISTS 以外，很多别的品牌也出了这种口袋鞋可供选择。上班时间、宴会回来的路上、鞋子突然损坏的情况下，一想到有口袋鞋在，对高跟鞋就变得无所畏惧了。

高跟鞋穿得越久越能培养女性的美。首先，为了取得平衡会调整姿势，形成自然而高贵的姿态。腿肚子也会收紧。我认为高跟鞋是修行的一环，为了打造优美的身形曲线，购买中意的高跟鞋并时常穿着它吧。别忘了备上不可缺少的口袋鞋哦。

把黑色紧身裤换成其他颜色就能脱俗

在冬天，有很多人会选择裙子和连体袜这样的搭配。这时，如果用彩色的连体袜来代替黑色连体袜的话，就会显得格外有个性。穿着都是寻常的搭配，但是，普通的连体袜也可以用配饰来凸显个性。

这里特别推荐的是，深蓝色、炭灰色、酒红色这三种颜色。裙子下方看到的并不是普通的黑色，而是这三种颜色，就会显得非常时尚。相比黑色，这三种颜色会显得很轻快，给人十分温柔的印象。

平时，如果想要与黑色的服装搭配的话，这三种颜色也完全能够胜任。冬日里使用60D 这种厚度就足够了，是十分方便的厚度。

如果想要稍微展现出自己性感的一面的话，就可以选择40D 这样的厚度。因为40D 这样的厚度会稍微看见皮肤的颜色，会稍显性感，但又不会给人一种过分的感觉。

从靴子和裙子中不经意间看到的稍微露出肤色的腿部，是成熟女性的性感。正是因为隐藏起来，不经意间看到就会觉得心动。约会的日子，想要受到关注的日子，请一定要选择除黑色外的颜色，40D 的连体袜。

军装式风衣 : LE JUN
白衬衫 : LE JUN
裙子 : Mystrada
紧身裤袜 : 私人物品
眼镜 : 私人物品
包 : 私人物品
鞋子 : 私人物品

Chapter 06

上衣

藏青色雪纺上衣比花边更能体现成熟的风情

女性最应该拥有的一件基础服装就是纯棉的白色衬衫。它是无论在正式场合还是平时都可以穿的服装，所以也可以广泛搭配。用深色的衬衫可以增加服装的色调，或是用开衫来改变印象。一起来学习上装的搭配技巧吧。

白衬衫能展现出知性美和品位

白衬衫：LE JUN
裙子：ZARA
腰带：H&M
墨镜：H&M
包：私人物品
凉鞋：ZARA

白色衬衫是要做到“只是穿上随处可见的衣服，就会让人觉得很有品位”的必备服装。衬衫是清爽感的象征。正是因为是在正式场合也可以穿着的服装，在平时才会营造出知性、优雅的氛围。

白色衬衫是根据所搭配的服装来一决高下的，请选择完全没有装饰的款型，材质要为纯棉。最佳的长度为可以放入下装，并且露在外面也不会特别长。要杜绝穿尺寸过大的衣服。选择完全贴合自己身材的服装。圆领、小领、大领、配有花边或是饰边等，本身很有特征的衣物，请考虑作为第二件搭配。

在和裙子搭配时，一定要选择较为轻便的款式。如果是和衬衫同样的正装的话，会显得过于正式。可以使用太阳镜或女士手拿包来混搭。虽然没有放入上面的图片中，但是也可以用之前介绍过的鞋子来进行搭配。

想要搭配裤装时，可以用帆布鞋或是有檐的帽子来避免过于死板。穿着衬衫时，前面也介绍过了，最好是选择腰身正好的衬衫。如果搭配裙子的话就是1：1的比例，如果是裤子的话就是1：2的比例，无论哪种搭配方式都不要忘记在腰部搭配饰物。同时也不要忘记露出脖颈，衬衫是最能发挥这种效果的。

白衬衫：LE JUN
裤子：LEPSIM LOWRYS FARM
项链：LEPSIM LOWRYS FARM
帽子：私人物品
墨镜：GU
包：私人物品
鞋子：私人物品

粗蓝布衬衫的三种不同的搭配方式

粗蓝布衬衫 : niko and ...
牛仔裤 : 优衣库
吊裤带 : CONTROL FREAK
针织帽 : 私人物品
眼镜 : 私人物品
手拿包 : 私人物品
浅口高跟鞋 : REZOY

外套 : COMME CA ISM
粗蓝布衬衫 : niko and ...
白 T 恤 : LEPSIM LOWRYS FARM
裙子 : Mystrada
帽子 : LE JUN
手拿包 : LEPSIM LOWRYS FARM
浅口高跟鞋 : CARMEN SALAS

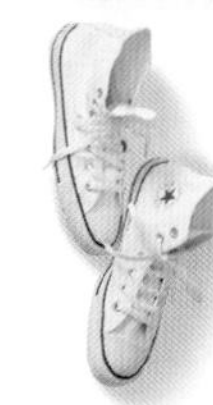

针织衫 : Mystrada
粗蓝布衬衫 : niko and ...
裙子 : ZARA
眼镜 : 私人物品
手拿包 : 私人物品
鞋子 : 私人物品

单穿一件粗蓝布衬衫是可以的，但是想要在不经意间露出蓝色搭配时，也可以选择粗蓝布衬衫。如果知道这里介绍的搭配方式，就会变得更加时尚。

首先，可以采取像右上的照片中的普通搭配方式。粗蓝布和牛仔裤这一同色系搭配方式非常可爱。但是，牛仔裤的同色系搭配方式会显得过于休闲，所以同时要搭配红色的高跟鞋和白色的手拿包，来突出成熟气息。同时，粗蓝布衬衫是休闲服装，可以尽情搭配高雅的小饰物。如果只是单穿一件衬衫的话，一定要卷起袖口露出手腕。

而中下方的照片中则是在横纹T恤内穿着粗蓝布衬衫。只要选择合身的尺寸就可以作为上装的内衬来穿着。相比只穿一件条纹T恤，这样会更加显得有英伦女装的气氛。

左边是女式短上衣和粉红色的裙子这样比较有女性魅力的搭配方式。不系扣子，随意地将下摆放入裙子里面，就不会过分显露蓝色部分。也可以采用本书第78页和第92页中介绍过的，作为开衫，或是卷起下摆这种穿法。

将格子衬衫彻底作为搭配色来使用

外套 : COMME CA ISM
灰 T 恤 : Mystrada
衬衫 : LEPSIM LOWRYS FARM
牛仔裤 : Gap
项链 : LEPSIM LOWRYS FARM
墨镜 : H&M
包 : Carol J.
(UNIVERSAL LANGUAGE)
鞋子 : 私人物品

羊毛衫 : JOHN SMEDLEY
(LE JUN)
衬衫 : LEPSIM LOWRYS FARM
裙子 : Mystrada
项链 : 私人物品
包 : 私人物品
袜子 : Heather
鞋子 : UNIVERSAL LANGUAGE

上衣 : Mystrada
衬衫 : LEPSIM LOWRYS FARM
裤子 : LEPSIM LOWRYS FARM
帽子 : LE JUN
包 : LE JUN
浅口高跟鞋 : REZOY

因为格子衬衫较为休闲，会给人一种年轻的印象，比起直接穿格子衬衫，更应该放入纯色的搭配中，将其作为“搭配色”来使用。格子衬衫十分适合黑白灰这类单调的颜色，以及土黄色，同时也可以搭配条纹 T 恤。

像是照片中那样，搭在肩膀上。或是像中间的搭配一样，穿在开衫里面，只露出衣领、袖口和下摆等部分。也可以像左边的照片中那样，系在腰间突出腰部，会显得腿部修长，给人以轻松的感觉。

因为是作为搭配色来使用，如果是平时穿着冷色系衣服较多的人，可以选择红色的格子衬衫。相反，如果平时是穿暖色系衣服较多的人，则可以选择蓝色或绿色的格子衬衫来发挥其作为搭配色的力量。与此同时，如果搭配和格子衬衫相同色系的衣服，则会更加突显色彩的一致感。最右边的搭配，虽然是在鲜艳的蓝色上面搭上了红色的格子衬衫，但是格子中含有蓝色，整体颜色搭配就很和谐。同时，选择红色的高跟鞋，和红色的格子相呼应，这也是搭配的要点。

让人感到神秘性感的雪纺材料

上衣 : ZARA
牛仔裤 : Gap
腰带 : H&M
项链 : 私人物品
帽子 : 私人物品
包 : 私人物品
鞋子 : Gap

衬衫 : Littlechic
裙子 : LEPSIM LOWRYS FARM
项链 : Ane mone
手镯 : Mystrada
包 : Mystrada
浅口高跟鞋 : REZOY

无论怎么说，可以让人感受到女性魅力的当属雪纺材料。想要展示性感的一面的时候，可以选择雪纺的服饰。

深蓝色和雪纺材料的性感程度，前文中已经提到过了。在雪纺材料中，有着深蓝色这样严肃的颜色，会让人感觉到一种神秘的性感。

除此之外，比较推荐的雪纺服饰的颜色就是让人不知道如何形容的，较为暧昧的颜色。暧昧的颜色会散发出一种模糊不清的美感和性感。并且，它也是无论与何种颜色搭配都很适合的万能颜色。这类衣服同时兼备优雅和性感。

有关这类衣服，请选择可以放进裤子和裙子的里面或外面都很适合的长度。在左图中，暧昧颜色的上衣是比较成熟的颜色搭配，与之搭配的衣物选择正式和休闲类皆可。像图中那样搭配草帽的话，会给人一种轻松的印象，也可以像本书第116页那样搭配筒裙。虽然丝绸也是很好的衣物材料，但是由于想要在平时也轻松使用，所以较为推荐在家也可以清洗的涤纶材料。

想要在正式场合受到关注时，可以选择无袖上衣

无袖衬衫：ZARA
外套： COMME CA ISM
裙子：ZARA
项链：Ane mone
手镯：LEPSIM LOWRYS FARM
包：私人物品
浅口高跟鞋：LE JUN

只要露出胳膊就会增加华丽的感觉，无论在平时还是出席宴会都可以穿着，无袖上衣正是想要获得关注时的必备服装。

白色的无袖上衣十分方便。虽然在图片中搭配了墨绿色的裙子，但是它和牛仔裤等休闲类服饰也很合适。正是因为它使用了男性无法穿着的服装材料，才会营造出女性魅力，比起T恤会显得更加有女人味，也十分正式。

同时，也可以像照片中那样搭配女式短上衣。在脱掉外套的时候会非常华丽，推荐在约会中使用。

如果厌倦了白色的话，也可

以选择一些比较鲜艳的颜色。虽然到此为止一直都在建议大家选择基本款式，没有点缀的衣物，但是唯独无袖上衣是例外的。这类衣物请选择自己真正喜欢的，并且能够愉悦自己心情的款式。这种颜色的无袖上衣在本书第74页中介绍的宴会样式中也适用。

在叠穿时露出下摆的无袖上衣，是在春夏以外的季节中也可以穿着的便利衣物。秋冬季可以搭配短上衣、衬衫，以及开衫。搭配黑色、白色等短款开衫，灰色的卫衣等，都会在休闲气氛中显露女性魅力。

海外旅行时，建议大家在行李箱中放入这类衣物，去餐厅时也可穿着。这类衣物十分便于存放，不会给行李添加负担。

上衣 : The Dayz tokyo
裤子 : Mystrada
帽子 : LE JUN
项链 : Ane mone
包 : 私人物品
鞋子 : ZARA

搭配高手穿着条纹 T 恤 会很受欢迎

针织衫 : Mystrada
牛仔裤 : 优衣库
项链 : Ane mone
手链 : LEPSIM LOWRYS FARM
帽子 : GU
包 : 私人物品
浅口高跟鞋 : REZOY

条纹T恤很难引人注目，这到底是何方人士说的呢？或许因为条纹T恤是较为休闲的服饰，平时穿着的话，何止普通，甚至会给人一种庸俗的感觉。但是，正因为是休闲的条纹T恤，才会变为有力的武器。不需要特殊的技巧，休闲风格的搭配，只要和平时一样加入小饰物就可以。在照片中，也是搭配了牛仔裤这样休闲的衣服，但是配饰有着时尚感所以没有关系。正是因为普通，进行女性化的搭配时才会显露不过于性感的美感。

条纹T恤和高跟鞋这样的搭配意外地很合适。是否能够搭配一些小饰物是决定胜负的关键。手袋也选择较有女人味的女式手拿包，或是搭配比较有女人味的饰物。

另外，选择条纹T恤时，推荐选择大圆领的款式，这种款式可以展现锁骨部位的美感。会让人感觉“明明是条纹T恤却很有女人味”，朴素中彰显性感，引起男士们的兴趣。

比起蓝色，更加推荐黑色的条纹T恤，会显得更加成熟。此外，条纹的黑色部分较粗的话会有休闲感，较细的话会显得优雅，所以一开始细条纹的T恤会比较容易搭配。如果条纹T恤的尺寸过大，会显得邋遢，建议选择尺寸正好的衣服。

应该持有的T恤为3类！
英文、V领、灰色

灰T恤 : Mystrada
牛仔裤 : 优衣库
腰带 : Littlechic
墨镜 : GU
围巾 : 私人物品
手拿包 : CASELINI
浅口高跟鞋 : R&E

T恤 : Gap
针织衫 : Mystrada
裙子 : LEPSIM LOWRYS FARM
耳钉 : 私人物品
帽子 : LE JUN
包 : CASELINI
鞋子 : BUTTERFLY TWISTS

白T恤 : LEPSIM LOWRYS FARM
裙子 : Mystrada
吊裤带 : control freak
针织帽 : 私人物品
眼镜 : 私人物品
手拿包 : 私人物品
浅口高跟鞋 : FABIO RUSCONI PER WASHINGTON

T 恤类是最为百搭的服饰，买的时候才是决定胜负的关键。但是，T 恤从款式到图案，稍做改变就能打造出不同的 T 恤，所以也并不是十分难以选择的服饰。我也是在重复失败的过程中，渐渐发现了只要拥有这3类 T 恤就可以搭配任何衣物。

这就是照片中所展示的“含有英文”“V 领的白色”“灰色”这三类。

英文 T 恤是想要在搭配时添加重点时使用，含有英文的部分会提升整体的感觉。

灰色的 T 恤会有一种黑色和白色都无法展现的，恰到好处的休闲感。但是，汗渍也会较为明显，夏天时还是选择接近黑色的灰较为合适。

V 领的白色 T 恤应该选择深 V 这类的款式，锁骨部位会显出美感。V 领 T 恤应该选择比其他两类 T 恤更加轻薄，柔软的材料。如此一来，就不会有打底衫的感觉。

想要将 T 恤搭配出很时尚的感觉是需要一些技巧的，那就是穿着方法。除去材料轻薄的 V 领 T 恤外，英文 T 恤和灰色 T 恤在单穿一件时一定要卷起袖口。卷起袖口的话会显出服装的厚重感，对比起来手臂上方会显得很纤细。在选择 T 恤的时候一定要试穿，看它是否能够有卷起袖口的富余。

用鲜艳色彩的搭配来改变印象

羊毛衫 : JOHN SMEDLEY (LE JUN)
衬衫 : ZARA
裤子 : Mystrada
手链 : LEPSIM LOWRYS FARM
眼镜 : 私人物品
包 :LEPSIM LOWRYSFARM
浅口高跟鞋 : FABIO RUSCONI PER WASHINGTON

系紧扣子的开衫风格

将开衫的扣子全部系上的话，就可以像毛衣一样来搭配，这就是圆领的优点。

系在腰间来强调腰部

用正好的腰围来打造的 1：2 的黄金比例。

搭在肩上显示颜色差异

重现大受欢迎的、搭在肩膀上的穿着方法。非常时尚的感觉。

和心仪的男性见面，即使没有办法换四次衣服，只要有一件圆领开衫就可以给人四种不同的感觉。为了展现不同的魅力，你需要一件色彩鲜艳的开衫。

例如，你穿着照片中的开衫去参加家庭聚会时，一开始系好所有扣子，看起来就会有毛衣的感觉。这是V领开衫所无法达到的效果。

中途，解开扣子露出里面的上衣，就会改变整体的印象。开始喝酒的时候，聚会的气氛就会开始变得很活跃，这时就是露出肌肤的时刻。可以直接将开衫披在身上，也可以披在肩膀上，这样会展现出恰到好处的性感。

最后，将开衫系在腰间，站在厨房收拾餐具时，会给人一种体贴入微的女性形象。怎么样？只是一件开衫，就会有这么多种不同的穿着方法，很有价值吧？

开衫披在肩膀，系在腰间时，露出的面积会相应变小，应该选择较为突出的搭配色。其中，无论是冷色系还是暖色系作为搭配色，较为推荐的是黄色系。

前面已经说过很多次了，但我还是要强调一定要选择正好的尺寸。也不要选择下摆过长的开衫。像毛衣一样穿着时，可以直接透过下摆露出里面的上衣，这种长度的开衫的搭配范围很广。

将 V 领开衫穿出外套风格的话
就会变成流行典范

羊毛衫 : LEPSIM LOWRYS FARM
T 恤 : Gap
牛仔裤 : 优衣库
腰带 : H&M
项链 : 私人物品
手拿包 : 私人物品
鞋子 : Gap

长款的外套将会是即将到来的时尚。请试着入手一件长款开衫。在春季和秋季这样并不需要风衣的季节，长款开衫无疑是较为百搭的衣服。V领是长款开衫的关键，可以像外套一样穿出成熟的感觉。像照片中所展示的开衫一样，无论什么颜色的衣服都可以搭配。尤为推荐灰色开衫。

穿着长款开衫所需要注意的是，要尽量避免给人一种邋遢的感觉。虽然长款开衫的下摆很长，但是要选择肩宽合适的款式。同时也不要忘记卷起袖口，露出手腕。

作为外套穿时，我经常推荐给客人的就是在开衫外面搭配腰带这种穿法。强调腰部的话，看起来会更加苗条。正是因为是很难展示出效果的长款开衫，按照前面介绍的1：2法则来搭配的话，就会看起来十分得体。

不要规整地穿着短款上衣

外套 : COMME CA ISM
T 恤 : Mystrada
牛仔裤 : 优衣库
项链 : LEPSIM LOWRYS FARM
包 : CASSELINI
浅口高跟鞋 : The Dayz tokyo

在穿着短款上衣时，不要规整地穿着是一个很重要的前提。因为短款上衣给人一种严肃的印象，所以才更加适合搭配休闲的衣物。它的搭配方法也十分简单，只要搭配休闲服饰就不会失败。

其中，黑色或是深蓝色的短款上衣，是既可以穿得很帅气，也可以展示女性的魅力的颜色。

像这张照片中那样，上身穿着T恤和短款上衣，下身搭配牛仔裤，就会将休闲感提升为整洁感。在休闲风格的搭配方法中，为了展现干练的形象，可以将袖口处卷起，露出手腕。其他较为推荐的就是像本书第74页中那样，穿着无袖上衣时搭配短款外套。只要将外套搭在肩膀上就会有女明星的气场。

并不需要多余的装饰，下摆为宽松的款式才较为得体。领子为直线的款式无论在哪种场合穿都很合适。如前面所提到的那样，虽然有的短款外套是作为西装来贩卖，可以只穿着上装，但是还是单独贩卖的短款外套更加合适。

用苏格兰呢来展现知性美

外套 : la SPLENDINA (UNIVERSAL LANGUAGE)
上衣 : The Dayz tokyo
牛仔裤 : Gap
针织帽 : CASSELINI
眼镜 : 私人物品
手拿包 : 私人物品
鞋子 : 私人物品

苏格兰呢会给人一种知性的感觉。如果搭配成功的话会散发出英国女性那样的气质。

苏格兰呢是整洁感较强的衣物，和短款外套相同，十分适合搭配休闲类服饰。但是，因为其材质较厚，在整洁中又散发着可爱的气息，搭配牛仔裤或编织帽这类的服饰的话，会打造出整体感，马上就会变得如模特般时尚。像这样，会不经意间给人不同的印象，流露出无法琢磨的氛围，那么穿着它的人也会让人觉得很有时尚感。这里要注意的是，苏格兰呢上衣和其他的短款上衣一样，不要成套穿。

想要穿着苏格兰呢出席正式场合时，可以像本书第94页那样搭配整洁的裙子。为了避免看起来很保守，适当加入一些休闲元素。像之前介绍过的一样，想要在保持美丽的同时添加休闲元素的时候，可以搭配色彩鲜艳的女式轻便鞋或上衣等。选择尺寸过大的苏格兰呢上衣是必须要避免的，如果不注意这点的话就会变成“大婶儿”风格。

要做到“不注意看也是时尚女性”打底衫一定要是灰色

在T恤和衬衫里面，大家都会搭配何种颜色的打底衫呢？经常有人说，不透色的打底衫颜色应该选择米色和咖色，但是咖色和米色在不经意的某个时刻看起来很有“内衣”的感觉，十分影响女性的形象。

但说回来，如果搭配黑色打底衫的话，如果上衣过于轻薄会被看到，不仅会破坏整体的清洁感，而且也会破坏整体的美感。

在这里我想推荐给大家的是灰色的打底衫。如果是灰色的打底衫的话，无论穿多么轻薄的上衣也不容易透出里面打底衫的颜色，如果被看见的话颜色也很适中。无论是抹胸还是贴身背心，一定要选择灰色的。

除基本的贴身背心和圆领背心外，还有无肩带背心。想要露出脖子和锁骨时，即使特意除去胸罩的肩带，也会不小心露出背心的肩带。比起要经常注意是否露出了背心的肩带，还不如选择穿着无肩带内衣自然地露出肌肤。

打底衫的颜色要选择灰色，有三种款式。只要有了这些，就可以对应任何搭配。

无肩带背心 : GU
圆领背心 : COMME CA ISM
吊带背心 : Gap

Chapter 07 下装

牛仔裤是为整洁
而存在的下装

如果穿着尺寸和腰围合身的下装的话，会显得很干练，甚至还会看上去仿佛瘦了3公斤。不知如何搭配的时候，回到最基本的搭配法则是不会出错的。不要忘记卷起裤脚，露出脚踝。

牛仔裤是为了整洁而存在的

上衣 : The Dayz tokyo
牛仔裤 : 优衣库
项链 : Mystrada
手镯 : 私人物品
手拿包 : 私人物品
凉鞋 : 私人物品

牛仔裤并不是休闲的服饰，其实是为了“整洁的搭配”而存在的服饰。除牛仔裤外，全部用整洁的服饰奠定整体的基调，最后用牛仔裤来加入休闲的元素。牛仔裤适合搭配所有整洁服饰，高跟鞋，短款上衣，华丽且颜色鲜艳的上衣等。搭配还有珍珠项链，豹纹的手拿包也很适合。

假如照片中的搭配，将牛仔裤换成黑色裤子的话，或许可以出席宴会，商务场合等，但是像这样想要穿出时尚感的时候，应该选择搭配牛仔裤。这样100%会成为时尚达人。

虽然在本书中，很多照片里都出现了牛仔裤，但是它们不仅适合休闲风格，而且加入整洁感较强的衣服中也会显得很有气质。

实际上，最便于搭配的牛仔裤并不是细脚牛仔裤，而是男友风牛仔裤。仿佛是“借了男朋友的牛仔裤来穿”一样，稍微有些宽松的款式。

这种款式比起细脚牛仔裤能够更好地掩饰体型，便于穿着。颜色上来讲，粗布蓝比深靛蓝色更易于搭配。如果稍微有些褪色的话，会凸显出腿部的立体感。牛仔裤搭配整洁感的服饰，只要记住这一点，在搭配上就不容易出错。

异常醒目的“白牛仔裤”

衬衫 : ZARA
牛仔裤 : Gap
项链 : Ane mone
手镯 : Ane mone
帽子 : LE JUN
手拿包 : 私人物品
浅口高跟鞋 : Mystrada

选择白色下装的女性，会在团体中显得异常引人注目。提升美女气场是白色牛仔裤的魔法。

如果选择白色细脚牛仔裤，就会削弱休闲感，整体看起来稍显正式。但基本上白色牛仔裤还是休闲类服饰，和粗蓝布牛仔裤一样，应该搭配较为正式的饰物。和苏格兰呢上衣正相反，在休闲的风格中又有着正装的感觉，穿着它的人会有一种漂亮的印象。

在本书第66页中也介绍过了，上装和下装都选择白色的搭配，用小饰物来突出整体的气氛，搭配外套和高跟鞋，看起来会更加有女人味。卷起裤脚，露出裤子和鞋子之间的肌肤，更加彰显女性气息。

选择牛仔裤时要注意是否符合自身的体型。这和价格的高低并无关系，无论是名牌商品还是快消费商品，首先都需要试穿。不同的品牌，牛仔裤的款式也各有不同。如果牛仔裤的腰围在骨盆处，在臀部会有褶皱，都是这一品牌的牛仔裤并不适合自己造成的。试穿的时候，一定要走出试衣间，从远处检查自己在镜子中映照出来的形象。当然，也不要忘记检查背影。

黑色的裤子要选择九分裤

上衣 : ZARA
裤子 : Mystrada
项链 : LEPSIM
LOWERYS FARM
手镯 : 私人物品
手拿包 : 私人物品
凉鞋 : ZARA

即使牛仔裤是可以搭配任何衣服的下装，我们也还是需要一条可以出席正式场合的裤子。这时，黑色的裤子是最佳选择。无论是出席婚礼还是葬礼，还是作为工作装，黑色裤子都很适合，衣柜中放有一条黑色裤子不会有错。

选择黑色裤子的秘诀就是，不要选择普通长度，而是要选择稍微露出脚踝的九分裤。出席正式的场合穿着黑色裤子的时刻较多，无法卷起裤脚的情况下，穿着平底鞋时，选择可以稍微露出脚踝的九分裤是最为适合的。当然，情况允许的情况下，请卷起裤脚。

此外，不要选择材质过于轻薄的裤子，要选择有一定硬度的材料。同时，也没有必要选择细脚裤。

黑色的裤子会打造出正式的气氛，如果选择同样正式感较强的服饰来搭配的话，则会变成较为严肃的搭配。这里可以搭配帆布鞋等来中和这种氛围。并且，穿着黑色裤子时，搭配休闲感较强的上衣会营造出休闲的氛围，显得更加时尚。像本书第110页那样搭配 T 恤，在休息日展现模特般的风采吧。

只要穿上束带裤就会变得很时尚

粗蓝布衬衫 : niko and ...
裤子 : LEPSIM LOWRYS FARM
项链 : 私人物品
帽子 : LE JUN
丝巾 : Littlechic
包 : Gap
浅口高跟鞋 : REZOY

和黑色裤子一样搭配范围广泛的下装，我要给大家推荐束带裤。这种裤子穿起来十分有时尚达人的氛围。

束带裤的裤脚也是收紧的，也可以十分方便地卷起裤脚。这类下装主要有使用吸汗材料的休闲风，以及使用棉麻等材料的整洁风，这两种风格。如果选择整洁风格进行搭配的话，束带所持有的休闲氛围一定会给整体的搭配添加光彩，显得更加妩媚。比如，像这张照片中所显示的那样，如果穿着灰色的直细条子花纹束带裤，看起来会更有白领女性的风格。同样，我也很推荐大家选择深蓝色的束带裤。只要不是过于宽松的款式都会显得整齐，干净。

这类裤子基本要选择腰身正好的款式。腰身正好的话会因1∶2法则而给人线条修长的印象，人看起来会瘦3公斤。在这里，卷起裤脚也是搭配的基本法则，一定要露出脚踝。

如果比较在意臀部周围的部分，可以选择带有折缝的款式。如果有折缝的话，会在腰身处展现出立体感，整个人看上去更显纤细身材。此外，我经常会跟顾客推荐的就是，只将衬衫的前摆放进裤子，而将后摆露在外面这种穿法。如此一来，即使穿着的是腰身正好的下装也会盖住臀部，就会减轻露出实际腰身的感觉。

细长的筒裙搭配出休闲风格就会彰显魅力

衬衫：LEPSIM LOWRYS FARM
上衣：Myatrada
裙子：Mystrada
帽子：私人物品
包：LE JUN
鞋子：私人物品

观看外国电影时，经常会看见电影中出现性感的职业女性。不仅工作上很有成就，作为女性也十分成功。细长裙是这类成熟女性所选择的典型服饰。

如果是高挑的身材，请选择过膝长度的长裙。如果身材略微娇小请选择长度到达膝盖的长裙。这样会显得身材比例适中。选择材料看起来较为廉价的长裙会影响整体的搭配，一定要选择有质感的材料。如果是含有氨纶，具有良好的伸缩性的款式，用途会更加广泛。这类款式的长裙搭配雪纺罩衫会显出成熟女性的风采，再加上华丽的上衣和高跟鞋，出席派对或是婚礼也很合适。

但是，我个人觉得细长裙最时尚的搭配方式则是故意用成熟女性风格的服饰，去搭配休闲风格的服饰。特别是搭配帆布鞋这种方式，推荐大家马上就开始尝试。

作为整洁风格代表的长裙，搭配休闲风格代表的帆布鞋，谁都会有种“明明只是随意搭配，却很时尚”的感觉。同时也可以搭配帽子和挎包等饰物。

看起来很优雅的 A 字裙
是女性必备服饰

白衬衫 : LE JUN
裙子 : The Dayz tokyo
针织帽 : 私人物品
眼镜 : 私人物品
包 : 私人物品
鞋子 : 私人物品

无袖衬衫 : ZARA
裙子 : LEPSIN LOWRYS FARM
手镯 : Mystrada
包 : Mystrada
鞋子 : ZARA

有人会说“真正的优雅是由内而外散发出来的”，但是如果穿上过膝 A 字裙，就可以轻松展现优雅的气质。

我认为成熟女性必须拥有的裙子为细长裙和 A 字裙这两类。露出腿部的迷你短裙是只能趁着年轻穿的裙子。而对于及膝或过膝裙，掌握“隐藏且摇动”“隐藏而露出”这两个关键，就成功地做到了性感且有品位的搭配。能够成功搭配好 A 字裙的女性看起来会更显知性，随着年龄的增长搭配的范围也会更加广泛，看起来更有魅力。更早的掌握 A 字裙的搭配方法有很多好处。

一定要选择自身最为喜爱的 A 字裙的款式。A 字裙最为重要的并非颜色，而是“款式”。像本书第124页照片中那样的色彩明亮的 A 字裙我也着力推荐。

在这里要介绍的是带有图案的 A 字裙和黑白色花纹的 A 字裙。带有图案的 A 字裙会给整体搭配增加华丽感，如果整体搭配较为简单时加上这类 A 字裙会立刻显得光彩动人。黑白色花纹的 A 字裙则适合搭配任何颜色的上装，使用范围较为广泛。这类裙子的搭配方法和细长裙一样，搭配高跟鞋会显得优雅，而搭配帆布鞋则显得休闲。

打造出让人心动的差距美感的饰物：眼镜

装饰眼镜和太阳镜会在整体搭配中添加休闲元素，是十分百搭的饰物。即使是穿着很正式的衬衫，在领口处挂上眼镜就会显得格外时尚。

眼镜的优点并不仅限于此。它是同时可以显现出三种不同的美感的饰物。即使是女性朋友之间，只是戴上和平时不同风格的眼镜，就会有种新鲜的感觉。而从男性的角度来看则是有着和以往不同的容貌，从而感到心动。展现出迄今为止从未有过的容貌，会让男性更加心动。

眼镜的戴法有三种。首先是和平时一样戴上眼镜，展现出知性的一面。接下来，你可以摘下眼镜，架在头顶充当发卡。还可以挂在领口处，无意间显露出性感的一面。

这类眼镜最好是在经常光顾的服装店中的饰品展台中寻找。那里展放着含有流行元素，价格也很合适的装饰眼镜。同时也会有适合架在头顶和挂在领口处使用的眼镜。

粉色眼镜：H&M
玳瑁眼镜：Heather
黑色墨镜：Ray-Ban (LE JUN)
玳瑁墨镜：LEPSIM
LOWRYS FARM
白色墨镜：GU
黑色眼镜：私人物品

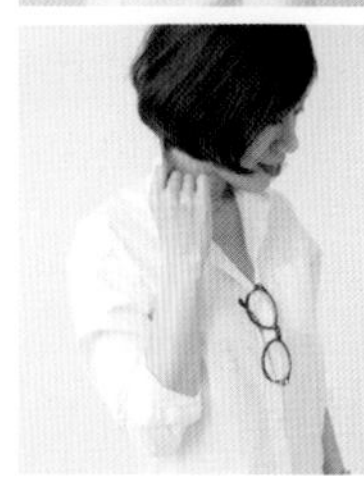

Chapter

08

颜色

只要用银色代替灰色，就会有时尚氛围

正因为都是简洁的服饰搭配，颜色鲜艳的服饰才特别引人注目，在这里特别要向大家推荐的是黄色系。黄色既可以和暖色系服饰搭配，也可以和冷色系服饰搭配，如果不知道应该怎样搭配时，建议大家选择鲜艳的黄色。此外，在搭配时可以用银色代替灰色试试看。

比起昂贵的化妆品，撞色搭配会让肌肤显得更美

衬衫 : Littlechic
裙子 : Mystrada
项链 : LEPSIM LOWRYS FARM
手镯 : Mystrada
头饰 : LEPSIM LOWRYS FARM
手拿包 : 私人物品
鞋子 : 私人物品

衬衫 : ZARA
裤子 : Mystrada
项链 Mystrada
帽子 : LE JUN
包 : Carol J. (UNIVERSAL LANGUAGE)
鞋子 : FABIO RUSCONI

上衣 : Mystrada
粗蓝布衬衫 : niko and ...
牛仔裤 : Gap
墨镜 : GU
手拿包 : 私人物品
鞋子 : REZOY

之前介绍了格子衬衫和粗蓝布衬衫、黄色卫衣等撞色搭配的技巧。运用这些技巧，选择颜色鲜艳的上衣和裙子。颜色鲜艳的服饰并不是服装搭配的基调，而是要将其作为给简洁服装增光添彩的小饰物来使用。基本款的服饰一般都有白色、黑色、灰色、深蓝色、牛仔蓝等常见颜色。如果在其基础上添加颜色鲜艳的服饰，就会突出整体的搭配特点。

虽然选择让自己心情愉悦的颜色也可以，但是最好还是尽量选择素净的颜色。其中，特别要向大家推荐的是黄色。黄色既可以和暖色系搭配，也可以和冷色系搭配。如果不知道选择什么颜色搭配的话，选择黄色就不会出错。

撞色搭配把握根据肌肤的颜色而改变的原则。小麦肤色和古铜肤色的人十分适合鲜艳的颜色。而肤色白皙、粉嫩的人则适合淡色衣服。在穿着的时候，要事先确认这件衣服是否能够完美地衬托出自己的肤色。

十年后也可以使用的卡其色

我一直穿着军装式夹克，已经有5年了。以卡其色和迷彩图案为主的军装式服饰，每到秋冬季节就会掀起热潮。选择“款式整洁”的夹克外套，可以穿很多年。这种夹克一定要选择立领、短款的样式。

卡其色能够很好地和黑色、白色、深蓝色等基础颜色搭配，所以也被称为万能颜色。比起棕色和黑色更有轻快的感觉，持有一件卡其色衣服会十分方便。而且，如果是淡卡其色衣服的话，穿起来会显得整体很整洁，而又不会显得过于休闲。

图中的夹克，搭配T恤、灰色的连帽风衣和牛仔裤就是我秋季主要的服饰搭配。因为休闲度较高，所以选择穿着高跟鞋。如果想要改变整洁的风格，可以选择尝试这类搭配方法。如果是白色衬衫和黑色裤子这类较为整洁的穿着，搭配上迷彩花纹鞋子则会给人时尚达人的印象。

军装式外套 : LE JUN
衬衫 : H&M
裙子 : ZARA
腰带 : Gap
浅口高跟鞋 : LE JUN

只要在搭配中添加银色，
马上就会变得时尚

T 恤 : Mystrada
亮面鞋 : ZARA
系带鞋 : FABIO RUSCONI
不系带鞋 : LEPSIM LOWRYS FARM
凉鞋 : Gap
挎包 : CASSELINI

穿着搭配中只要加入银色就会马上变得很有时尚感。虽然有人会觉得银色比较有光泽，搭配起来难度很大，但其实只要将银色看作是介于白色和黑色之间的过渡色，就很容易搭配了。

作为介于白色和黑色中间的颜色，银色其实可以像灰色一样来搭配其他衣服。想要给黑色的衣服添加一点休闲元素时，就可以考虑添加银色服饰。想要比白色搭配更加强调整体的氛围时，也可以使用银色。只要牢记这样的搭配规则，就可以轻松掌握银色服饰的搭配方法。

首先，从小饰物开始来试着进行银色服饰的搭配是最简单的。可以从款式多样的手提包和鞋子开始尝试搭配。

像本书第131页中那样，虽然平时可能会选择搭配黑色鞋子，但是换成银色鞋子的话就会更有时尚感。反之，想要更突出厚重感的时候，就可以选择银色鞋子来取代白色鞋子。也可以像本书第65页那样，将银色看作灰色，选择和灰色一样的搭配方式。作为灰色的相似搭配色，可以在稍微想要改变质感的时候选择银色。只要有一件银色的服饰，就会给日常的搭配增光添彩。

包：Gap
丝巾：Littlechic

将围巾围在其他地方

如果手边有买来一直没有派上用场的围巾，现在马上就将它利用起来吧。这里向大家推荐“围在别处的围巾”这种方法！

时尚女性的一个特殊技巧，就是将围巾卷起来作为腰带使用。例如，在白色牛仔裤上搭配围巾腰带，如此可以增添优雅气质，给人以教养良好的印象。

同时，也可以将围巾系在手提包上。将围巾系在女士挎包上，稍微垂下一段。也可以用围巾在保守风的手提包的提手上系一个蝴蝶结。只要添加一条围巾，就可以给平时经常使用的手提包添加一抹新鲜的色彩。

当然，也可以采用围巾本来的使用方法。最近，70年代风格的系围巾方式成为了潮流。白色衬衫和夹克这种组合方式会有比较保守的风格。搭配T恤这样休闲风格的服饰才会更像时尚达人会选择的方式。

让深藏在衣柜中的围巾大放光彩吧！

白 T 恤 : LEPSIM LOWRYS FARM
牛仔裤 : Gap
丝巾 : Littlechic
帽子 : Heather
鞋子 : REZOY
包 : 私人物品

灰 T 恤 : Mystrada
裙子 : Mystrada
丝巾 : Littlechic
手拿包 : LEPSIM LOWRYS FARM
浅口高跟鞋 : REZOY

Chapter 09 外套

双排扣系带风衣的完整穿搭指南

穿着外套时，不是简单地穿在身上就可以了，还需抓住整体搭配的协调性。所以要结合内搭的颜色、面料来进行搭配。不论是外套还是休闲服都不能忘了着装的清爽性这个要点。

只要一件系带式风衣就足够了

风衣 : LE JUN
羊毛衫 : JOHN SMEDLEY (LE JUN)
灰 T 恤 : Mystrada
牛仔裤 : 优衣库
眼镜 : 私人物品
丝巾 : 私人物品
包 : Carol J. (UNIVERSAL LANGUAGE)
鞋子 : UNIVERSAL LANGUAGE

我认为衣服和小的装饰品价格实惠就行。买了高档的衣服穿出去却过时了，还是尽情地穿着在快销时尚店买的衣服来得更加令人愉快。

但是，系带式双排扣风衣却是个例外。它是经历岁月长期的洗礼，都不会被淘汰的单品，是永恒的经典之作。即使你买了件很贵的系带式双排扣风衣也不会有任何损失，因为它的款型一般不会有大的变化。

经典的双排扣系带风衣，它的袖口是很小的，两肩膀的宽度和尺寸刚刚好。去试穿时请务必穿得单薄些。如果里面穿了毛衣，也请千万不要买大号的风衣。这样会让你显得很俗气。风衣的纽扣选择黑色或者茶色的。不同的牌子，其产地的羊毛的颜色也是完全不同的，因此需仔细斟酌选择与自己肤色相衬的颜色。颜色越浅越显得保守。

系带双排扣风衣的完整穿法：不系扣子穿的时候，腰带在身后打一个结，自成一股英姿飒爽的风姿。系上扣子穿的时候，将腰带在腰上紧紧地系成一个结，就像是一条连衣裙，显得特别有女人味。最后再提一点，穿风衣时一定要把袖口挽起来。

怎么看都已经过时的羽绒服，如果是亮面棕色款式就会显得时尚

因为羽绒服有厚度，就会显得臃肿俗气，不易于搭配。但在衣服长度上多加留心的话，即使厚重也能穿出时尚感。

羽绒服长度以刚好盖住臀部为佳，不论是搭配裙子还是裤子，这个长度 刚好合适。颜色的话不要黑色，棕色最佳。羽绒服跟长靴一样都是大的单品，黑色很容易带给人沉重感。如果在冬天想要搭配出一身深色系，给人轻快感的棕色是最合适的。材质上应摈弃粗糙的面料选择有光泽的材质，也能显得更加轻盈。

这次以白色为基础色做了搭配，为了尽情享受条纹和格子的混搭快感，减弱了扣子的设计感。

大纽扣的厚实感、白色的清爽感、条纹和格子的休闲感，衣服的边缘及品牌的设计风格，既不失清爽感又不落俗套，这是最棒的混搭方式。

羽绒服 : 私人物品
衬衫 : LEPSIM LOWRYS FARM
针织衫 : Mystrada
牛仔裤 : Gap
针织帽 : CASSELINI
包 : LE JUN
鞋子 : 私人物品

披上军装风夹克衫
立显轻松休闲风格

军装式外套 : 私人物品
粗蓝布衬衫 : niko and ...
T 恤 : Gap
裙子 : Mystrada
项链 : The Dayz tokyo
包 : 私人物品
靴子 : 私人物品

军装风夹克衫是最基础的单品，几乎能与男友风牛仔裤媲美，都是能与任何服饰搭配的魔法单品。军装风夹克衫给人的印象是轻松休闲的，一穿上就能达到这种效果。

选择军装风夹克衫只需要注意一点：不要过于休闲。与牛仔裤一样，搭配清爽型的单品是永远不会出错的。如照片中军装风夹克衫配上黑色直筒裙和茶色长筒靴，非常的淑女。

麻制手拿包包和民族风项链与军装风夹克衫的休闲风格相得益彰。

因为军装风夹克衫与任何衣服都相配，连内搭的颜色都无须选择。像这样与白色T恤、斜纹衬衫搭配就很不错，到了初春搭配浅粉色也很完美。如本书第114页与格子衬衫、T恤和牛仔裤搭配也合适。鞋子和包请选择有女人味的，切忌全身上下都是休闲款式。

百搭款的西装式长风衣
适用于所有场合

长风衣 : 私人物品
白衬衫 : LE JUN
裙子 : ZARA
紧身裤袜 : 私人物品
丝巾 : Littlechic
包 : 私人物品
浅口高跟鞋 : 私人物品

西装式长大衣无论在假日、工作日乃至婚丧嫁娶场合都适用。这种大衣一开始是作为绅士的标识而流行的，因为剪裁十分合身，给人留下十分男性化的感觉。正因为如此，意识到它的中性风格就能更好地搭配。

有两种搭配方式可供选择：一个是传统风格，另一个是休闲风格。传统风格可以像照片中那样搭配白色衬衫、围巾、皮质的裙子或者手提包，营造出帅气感，再搭配极具女人味的细高跟鞋。如果说有什么遗漏的地方，那就是在西装式长大衣的袖口处，稍露出一小截白色衬衫的袖子，会是个很不错的主意。袖口上是否露出白色的一截，脱俗感完全不同。请在日常穿着西装式长款大衣时让袖口露出一截里面的白衬衣或毛衣吧。

另一种休闲风格的搭配是穿上白色匡威，会有种意想不到的效果。

款式上选择最经典百搭的，颜色上选择易于搭配的黑色或藏青色，纽扣以单排为好。长度不要过长，差不多膝盖以下这个位置。

带帽檐的帽子最百搭

在客人想要试戴的时候，最热门的是带帽檐的帽子。

想要购买，又不知如何选择的客人非常多，戴上后发现“没想到很适合”就会非常开心，几乎都是立马把它买下来了。

通常戴帽子的人并不多，戴上帽子会给人留下一种十分时尚的印象，拥有一顶帽檐帽，会在搭配中体现出你的品位。

在这本书中很多处都提到了帽檐帽的搭配，它是搭配方式的重点。对于我来说帽檐帽犹如白色的匡威板鞋，无法想象没有帽檐帽的人生是怎样的。

虽然有各种款式，但是中间凹下去的帽檐帽是绝对的百搭款，从无例外，适合所有人群。最最简单的款型是白色的帽子上装饰着黑色的丝带。强烈推荐购买一顶。夏天的话建议戴藤编的，到了冬天可以选择毛毡料的帽子。

在搭配清爽型服饰时选用中间下凹的帽檐帽，会立马给人一种很有品位的印象。

蓝色帽子 : Heather
草编帽子 : 私人物品
白色帽子 : LE JUN
花朵纹帽子 : LE JUN
棕色帽子 : 私人物品
灰色帽子 : CASSELINI
蓝丝带帽子 : 私人物品
浅蓝色帽子 : GUANABANA (The Dayz tokyo)

搭配清爽风服饰的编织帽

编织帽原本适用于露天野餐时配戴，而羽绒服、牛仔裤这些都是活动轻便好搭配的单品。

如果谁想使自己的编织帽变得时尚起来，那么我建议稍微花一点功夫在上面。

例如本书第160页的编织帽与衬衫、清爽型裙子的搭配，能让人眼前一亮。这种“不精致”的感觉，却是能体现女性品位的小窍门。这样不经意的搭配方式更加能突显出编织帽的存在感。最近还出了棉质的编织帽，除了夏天，几乎全年通用的编织帽一下子多了起来。推荐白、黑、藏青色、灰色这些与任何款式都能搭配的百搭色。

在这里介绍一下选购编织帽需要掌握的小窍门，不要选帽檐下折的款式。帽子前端加绒或帽檐下垂的款式会给人一种滑雪者的感觉，不适合时尚人士。帽子是否令人瞩目，还需要亲自戴上后才能确认。

黑色帽子 : CASSELINI
白色帽子 : 私人物品
灰色帽子 : 私人物品

单品索引

长款风衣：LE JUN
P119, P176

羽绒服：私人物品
P178

军用夹克：私人物品
P114, P180

无帽大衣：私人物品
P182

深绿色外套：LE JUN
P169

带图案的裙子：LEPSIM LOWRYS FARM
P71, P109, P128, P134, P160

白色网眼黑腰蓬蓬裙：The Dayz tokyo
P110, P160

粉红色裙子：Mystrada
P124, P166

深绿色皮裙：ZARA
P60, P96, P122, P124, P130, P169, P182

白色紧身牛仔裤：Gap
P66, P78, P90, P108, P114, P126, P128, P144, P152, P166, P173, P178

黑色紧身裤：Mystrada
P61, P72, P110, P131, P136, P154, P166

灰色细条纹裤子：LEPSIM LOWRYS FARM
P65, P70, P123, P126, P156

黑色铅笔裙：Mystrada
P68, P74, P92, P94, P104, P112, P116, P119, P126, P134, P158, P173, P180

纯黑色夹克：COMME CE ISM
P70, P71, P74, P110, P124, P126, P130, P142

粗花呢夹克：la SPLENDINA (UNIVERSAL LANGUAGE)
P94, P144

深绿色衬衫：H&M
P169

男友风牛仔裤：优衣库
P56, P67, P86, P124, P132, P134, P140, P142, P150, P176

出版后记

忙碌的现代都市生活中，怎样才能打造吸引眼球，又彰显品位的造型呢？如何迅速给第一次见面的人留下良好的印象呢？也许你会认为，可以穿着一些设计奇特的服饰。然而，本书作者却用自己多年的私人造型经验告诉我们：设计感太强的服装在生活中并不实用，每个人都有的基本款才是穿搭的关键。

不用嫌弃自己衣橱里的服装太过普通，想让自己的穿着更时尚、更有品位，关键恰恰在于基本款。以款式简单经典的服饰为主进行搭配，才会让人赞叹：这么平凡的衣服，竟然可以穿得如此时尚、有品位！

基本款虽然重要，但搭配更加关键。在本书中，超难预约的知名造型师山本昭子公开了自己多年的穿搭经验，教你运用简单的搭配法则，以基本款穿出好品味！无论是现代、知性、干练、女人味，或是模特的假日休闲风，统统不是问题。

阅读这本书，你会学到：哪些是日常穿搭必备的基本款、如何根据场合选择合适的服饰、穿搭中有哪些常见的禁忌、如何打造优雅或是休闲的造型风格、参加朋友婚礼应该如何选择服饰，等等。

作者用最简单实用的法则总结穿搭技巧，每一组造型还配有详尽的图文解说。在本书最后，你还可以查找本书的服饰搭配中使用到的衣物，在自己日常的穿搭中进行参考。不知道怎么穿的时候，只需照着图片进行搭配就行，非常方便。一起来感受极简穿搭的魅力吧！

服务热线：133-6631-2326 188-1142-1266
读者信箱：reader@hinabook.com

后浪出版咨询（北京）有限责任公司
2017年11月

图书在版编目（CIP）数据

极简穿搭：日常服装穿出别样风采 /（日）山本昭子著；林晓敏译. —南昌：江西人民出版社，2018.1（2020.11重印）

ISBN 978-7-210-09955-0

Ⅰ. ①极… Ⅱ. ①山… ②林… Ⅲ. ①服饰美学 Ⅳ. ①TS941.11

中国版本图书馆CIP数据核字(2017)第288606号

Itsumo no Fuku wo Sonomama Kiteiru dake nanoni, Naze daka Oshare ni Mieru
by Akiko Yamamoto

Original Japanese language edition published by Diamond, Inc.
Simplified Chinese translation rights arranged with Diamond, Inc.
through BARDON-CHINESE MEDIA AGENCY.

版权登记号：14-2017-0502

极简穿搭：日常服装穿出别样风采

作者：［日］山本昭子　译者：林晓敏

责任编辑：冯雪松　胡小丽　特约编辑：刘悦　筹划出版：银杏树下

出版统筹：吴兴元　营销推广：ONEBOOK　装帧制造：墨白空间

出版发行：江西人民出版社　印刷：雅迪云印（天津）科技有限公司

787毫米 ×1092毫米　1/32　6印张　字数95千字

2018年1月第1版　2020年11月第5次印刷

ISBN　978-7-210-09955-0

定价：45.00元

赣版权登字 01-2017-936

后浪出版咨询(北京)有限责任公司

常年法律顾问：北京大成律师事务所　周天晖　copyright@hinabook.com